美国高空长航时无人机

——RQ-4“全球鹰”

季晓光　李屹东　主编

航空工业出版社
北　京

内 容 提 要

“全球鹰”无人机系统是目前世界上技术最先进、应用最成熟的高空长航时无人侦察机系统。本书在概括“全球鹰”项目发展进程的基础上，对其总体设计、任务系统、指挥控制系统及开发采购策略等进行了系统的分析，同时对“全球鹰”的部署与作战使用情况也进行了较为详细的介绍。本书图文并茂、内容丰富，选取的素材多为外文科技报告，翔实可信，对“全球鹰”有关技术问题进行了较为专业、准确的分析，是一本可供相关科研人员、航空院校师生及爱好者参考借鉴的科技类图书。

图书在版编目（CIP）数据

美国高空长航时无人机：RQ－4“全球鹰”/季晓光，李屹东主编．－－北京：航空工业出版社，2011．11（2019．1重印）

ISBN 978－7－80243－852－1

Ⅰ．①美… Ⅱ．①季… ②李… Ⅲ．①无人侦察机－研究－美国 Ⅳ．①V279

中国版本图书馆CIP数据核字(2011)第234204号

美国高空长航时无人机
——RQ－4“全球鹰”
Meiguo Gaokong Changhangshi Wurenji
——RQ－4“Quanqiuying”

航空工业出版社出版发行
（北京市朝阳区北苑2号院 100012）
发行部电话:010－84936597 010－84936343

三河市金轩印务有限公司印刷　全国各地新华书店经售
2011年11月第1版　2019年1月第2次印刷
开本:787×1092 1/16 印张:15 字数:261千字
印数:2501—3000 定价:58.00元

《美国高空长航时无人机
——RQ-4“全球鹰”》

编委会

主　任：宋文骢

委　员：(按姓氏笔画排序)

王海峰　向立学　许　泽　李文正
季晓光　聂海涛　桑建华　黄　炜
蒲小勃　戴　川　戴亚隆

编写组

主　编：季晓光　李屹东

编　者：桑建华　吕　剑　冷洪霞　谢志航
赵文兵　秦　荀　范　怡　王子熙
郭　勇　傅　刚　沈玉芳　谭　勇
谢文婷　李　伟

序言

从科索沃战争、阿富汗战争和伊拉克战争等几场高技术局部战争可以看到，以信息技术为核心的现代高新技术在军事领域的运用越来越广泛和深入，人类战争已进入信息化战争时代。在今天的战场上，无人机发挥着越来越关键的作用，正处于从有人向有人、无人联合作战发展的重要转折期。在信息化战争中，无人机系统作为“网络中心战”中的关键元素和重要节点，以其机动灵活、持久飞行和“零伤亡”等特点，在信息支援、信息对抗和火力打击等方面发挥着越来越重要的作用。目前，世界主要军事大国已经大规模地开始无人机关键技术的开发和研制工作，美国是走在最前面的国家。

“全球鹰”是美国空军乃至全世界最先进的无人机，是高空长航时无人机的典型代表，具备超强的留空飞行能力、空中监视及情报和侦察能力。“全球鹰”的航程可达到26000km以远，飞行高度可达到18000m以上，续航时间超过33h。“全球鹰”先后参加过阿富汗战争与伊拉克战争，在侦察监视、数据传输与通信、动态任务分配等方面表现卓越，对作战胜利起到了至关重要的作用。“全球鹰”在发展过程中虽遭遇了各种挫折，但是美国国防部坚持认为“全球鹰”计划对国家安全至关重要，必须继续向前发展，军事行动也验证了“全球鹰”出色的作战能力，因此美军决定大量采购并广泛部署。目前美国空军“全球鹰”的采购总量为84架，海军则计划采购50～70架。

“全球鹰”与现有美国作战系统不一样，并不是依照美国国防部的一般采购程序进行，而是采用先期概念技术验证的模式，它在完成试验和评估项目之前就已投入军事作战行动，一边进行小批试生产一边同时进行研发。由于研发成本过高，“全球鹰”项目一度成为国会财年削减的靶子。“全球鹰”项目组及时调整了采购和管理策略，曾作为螺旋式开发的典范被介绍推广。然而，随着军方对“全球鹰”系统要求的增长，它已成为一项遭受费用超支非议的长线采办项目。2005 年 6 月，美国空军决定将该项目从螺旋式开发恢复为传统的批次项目。

系统了解和分析高空长航时无人机的典型——RQ－4“全球鹰”，不仅有助于了解当今无人机系统的发展趋势，也可以通过其发展历程加深对“全球鹰”的设计思想、作战能力的理解，并且“全球鹰”项目自启动以来，其开发采购策略几经调整，极具代表性，其中的经验教训也十分值得我们分析和借鉴。

本书对“全球鹰”的研制历程、研制成本、总体设计、任务系统、指挥控制系统、开发采购策略、部署与作战使用及应用前景等进行了较为全面的介绍。本书图文并茂、内容丰富，选取的基础素材多为外文科技报告，翔实可信，对“全球鹰”有关技术问题进行了较为专业、准确的分析，是一本可供相关科研人员、航空院校师生及爱好者参考借鉴的科技类图书。

本书在编写过程中，中航工业成都飞机设计研究所情报档案部杨晶晶、瞿薇、于凯、刘泽勋等同志在资料、图片收集、翻译方面提供了大力支持与帮助，在此表示感谢！限于时间和水平，本书难免有错误疏漏之处，恳请广大读者批评指正！

编者
2011 年 10 月

目　录

第一章　项目概述

由美国诺斯罗普·格鲁门公司研制的“全球鹰”(Global Hawk)无人机（见图 1–1）是美国空军乃至全世界最先进的无人机（Unmanned Air Vehicle,UAV)，是美国高空长航时先期概念技术验证（ACTD）计划的一部分，于 1994 年启动。“全球鹰”以罗·罗公司的 AE3007E 发动机为动力，是高空长航时无人机（HALE UAV）的典型代表。“全球鹰”无人机的主要性能特点是：具有超强的留空飞行能力，能够实现跨洲际飞行；机载设备先进，具有全天候的侦察监视能力；高精度的实时传输系统，能够实现图像数据的实时传输。随着“全球鹰”无人机系统的不断完善和在实战中的优异表现，

图 1–1　“全球鹰”无人机

2010 年 9 月，美军太平洋关岛安德森空军基地部署了第一架“全球鹰”无人机。这标志着美国空军开始了取代 U-2 飞机的计划，预计到 2013 年，U-2 飞机将全面退役。

1.1 长航时无人机发展起源及背景

所谓长航时无人机，是一种飞行时间长，能昼夜持续实施空中侦察和监视的无人驾驶飞机。由于这种无人机的飞行时间特别长，通常被称为“大气层人造卫星”。长航时无人机分为中空和高空两种类型。中空型一般飞行高度为几千米，飞行时间多在 12h 以上；高空型通常飞行高度在 10000m 以上，飞行时间多在 24h 以上。长航时无人机在军事上一般都用于执行战略／战役侦察任务，收集目标区域完整的情报信息，为军方及时、准确的决策提供可靠的依据。

1.1.1 最初的发展：聚束动力无人机试验

20 世纪 50 年代末期，由于当时的通信技术还相当落后，使用高空长航时无人机来进行大气研究和地球、天气观测是比卫星更便宜的选择，特别是这一时期关于无人机的概念研究集中在使用传统推进力或新型推进力——微波聚束动力或光电太阳能电池上。1959 年，特里达因·瑞安航空公司（TRA，于 1999 年 6 月被诺斯罗普·格鲁门公司购并，成为该公司整合系统部的一部分）建议在高空长航时无人直升机上使用微波聚束动力，但事实上概念验证模拟飞行器是在 1964 年完成的。当时在 20m 范围内由传输天线为一架直升机提供动力，直升机携带一个整流天线（或者称作硅整流二极管天线阵列），它整合了数千个二极管来转换微波聚束能为可用的电能。虽然验证机进行了公开展示，但是由于当时人们对地球卫星的狂热度非常高，而其天线系统既沉重又低效，所以在那段时间使用微波聚束能的高空无人直升机没有受到关注。

然而到了 70 年代，美国国家航空航天局（NASA）对聚束能的空间应用产生了兴趣，并于 1982 年公布了一个更轻巧更便宜的硅整流二极管天线系统设计，该天线由薄型塑胶薄膜覆盖。1987 年，作为定点高空转换平台（SHARP）计划的一部分，加拿大通信研究中心使用一种改进的硅整流二极管天线为 SHARP 无人机提供动力，该无人机翼展 5m，重量 4.51kg。SHARP 无人机在传输天线上空 150m 处作盘旋飞行，所需的 150W 能量能够从 6 ~ 12kW 微波聚束中获得。该项目表明用聚束能为无人机提供动力的想法依然实用。

1.1.2 Compass Dwell 计划

20 世纪 60 年代末期，美国空军开展了 Compass Dwell（罗盘详论）计划，目的是发展一种具有数据收集功能和能进行 24h 以上不间断通信的无人机。

该计划的竞争者之一是 LTV 电气系统公司（就是后来的 E－系统公司）的 L450F 飞机（见图 1–2）。L450F 起初的构型是载人飞机，于 1970 年 2 月进行了首飞。1972 年初，L450F 改型成无人机以后，美国空军对其进行了评估，并正式命名为 XQM–93A（见图 1–3）。

以 SGS2–32 滑翔机为基础制造的 L450F/XQM–93A，安装了新的普·惠 PT6A 涡桨发动机、新的固定起落架以及一套新的航空电子设备，在某些区域的结构上也进行了加强。无人型 XQM–93A 的水平整流罩取代了有人型的驾驶座舱，并安装了先进的自动驾驶仪，XQM–93A 曾在试飞中实现了留空时间超过 21h。

图 1–2 L450F飞机（XQM–93A 的载人机构型）

图 1–3 XQM–93A 无人机

该计划的另一竞争者是马丁·玛丽埃塔公司的 845A 型飞机（见图 1–4）。该机以 SGS1–34 滑翔机为基础制造，构型类似于 XQM–93A，于 1971 年进行了测试飞行，其中一架原型机留空时间达到了 28h。

图 1–4 马丁·玛丽埃塔公司的 845A 型飞机

1972 年，整个 Compass Dwell 计划结束，无论是 LTV 电气系统的 XQM–93A 还是马丁·玛丽埃塔的 845A 型，最终都没有生产，具体原因未见报道。该计划终止以后（在 1974 ~ 1976 年的某个时间），无人型 L450F 正式改名为 XGQM–93A。

1.1.3 Compass Cope 计划

在 Compass Dwell 计划进行的同时，美国空军还进行了名为 Compass Cope（罗盘披风）的无人机发展计划。该计划的目的是想研发一种高空长航时遥控飞行器，用以执行长时间的照相侦察和电子监视任务。飞行器的飞行高度要求达到 16700m，留空时间要求达到 24h，最关键的是要求该飞行器能够在常规跑道上进行起降。波音公司的 YQM–94A（见图 1–5）和特里达因·瑞安航空公司的 YQM-98A（见图 1-6）参与了该计划的竞争。

图 1-5　波音公司 YQM-94A

图 1-6　特里达因·瑞安航空公司 YQM-98A

最先参与 Compass Cope 计划的是波音公司，美国空军授予其制造两架 YQM-94A 原型机（后来改为 YGQM-94A）的合同。该原型机又被叫做 Compass Cope B、Cope B 或者“海鸥”(Gull)，由一台安装于飞机背上的 GE YJ97-GE-100 涡喷发动机提供动力。YQM-94A 的飞行高度比螺旋桨推进的两种“Compass Dwell”飞行器要高出许多，达到了 16775m。1973 年 6 月，第一架 YQM-94A 原型机进行了首飞，但是在 1973 年 8 月 4 日进行的第二次试飞中不幸坠毁。1974 年 11 月 2 日，第二架原型机进行了首飞，它在试飞过程中的留空时间曾经达到过 17h24min。

特里达因·瑞安航空公司参与该计划竞争的是最新的 154 型 /AQM-91“萤火虫”(Firefly)，又被叫做 235 型。空军编号为 YQM-98A，也被称为

Compass Cope R、Cope R 或者“燕鸥”（Tern）。它的设计与 YQM-94A 类似，除了有高展弦比的机翼，发动机也同 YQM-94A 一样安装在飞机背部，该机采用的是加勒特 YF104-GA-100 涡扇发动机。YQM-98A 与 154 型有一个明显的类似之处，那就是它们都是用平直翼取代了后掠翼。首架 YQM-98A 原型机于 1974 年 8 月进行了首飞，比波音的 YQM-94A 晚了一年，但是特里达因·瑞安航空公司后来居上，在 1974 年 11 月 4 日进行的一次试飞中，YQM-98A 的留空时间达到了 28h11min，创造了当时无人机的世界纪录。YQM-98A 造型与“全球鹰”非常相似，两者同样有超长的翼展，发动机都置于机身后段的整流罩中，只是 YQM-98A 采用的是传统的垂尾和平尾，而“全球鹰”则是 V 形尾翼。

虽然在 Compass Cope 原型机评估过程中特里达因·瑞安航空公司的 YQM-98A 某些方面要优于波音公司的 YQM-94A，不过由于成本原因，美国空军最终在 1976 年 8 月选择了成本较低的 YQM-94A，授予波音公司进行 YQM-94B 原型机预批量生产的合同，但是一年以后整个 Compass Cope 计划由于在飞机传感器有效载荷问题上遇到困难而被中止。

1.1.4 太阳能无人机计划

1983 年，AeroVironment 公司获得来自一个美国政府机构的资金支持，秘密研制“高空太阳能”（HALSOL）无人机。1983 年 6 月，HALSOL 原型机进行了首飞。HALSOL 是一架简单翼型的飞机，翼展为 30m，宽度为 2.44m。1983 年夏天，9 架 HALSOL 在内华达州神秘的格鲁姆湖基地进行了飞行。通过试验，HALSOL 的气动性能得到了验证，但同时研究也得出了结论，无论是电池还是能量存储技术在当时都不够成熟，无法实现该计划，最终 HALSOL 被送进了仓库。

20 世纪 80 年代中期，即在 HALSOL 被封存后不久，NASA 授予了洛克希德公司一份合同，研究一种命名为“太阳高空动力平台”（Solar HAPP，见图 1-7）的太阳能高空长航时无人机，用来执行和完成监视、军事侦察和持续通信任务。然而最终结果并没有制造出原型机，因为在当时太阳能高空长

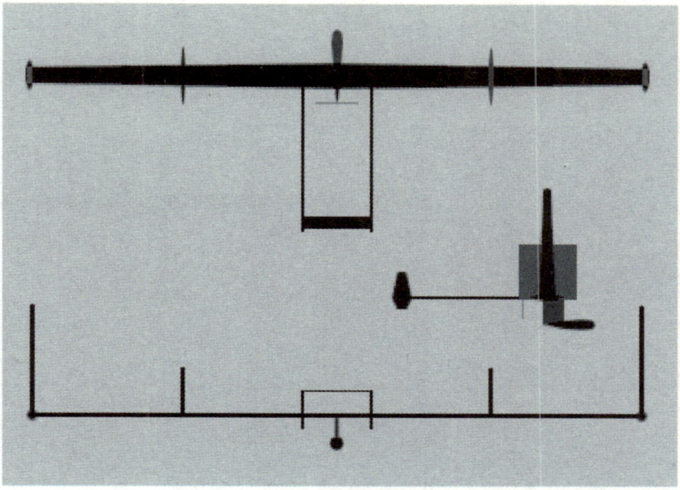

图 1–7　太阳高空动力平台三视图

航时无人机还是一个比较先进的概念，早期的长航时无人机应用工作更多地集中在传统概念研究上。

1.1.5　Condor 和 Amber

到了 20 世纪 80 年代，波音公司开发了一种大型高空长航时无人机，该无人机被称为“秃鹰”（Condor）（见图 1–8），这是长航时无人机发展史上的重要里程碑。“秃鹰”于 1986 年 3 月进行了滑跑，1988 年 10 月 9 日进行了首飞，并在 1988 ~ 1989 年进行了 141h 的飞行试验，创造了飞行高度 20420m 的纪录，在其中一次飞行试验中留空时间曾经达到了 2.5 天。波音公司生产了两架技术验证机，并把当时在空气动力学、推进动力、材料和遥控方面的先进技术都成功地融合进了这架飞机。它能够在白天提供快速响应和持续、无人、大范围覆盖。不同于其他的遥控无人机，“秃鹰”的整个飞行过程从起飞到降落都能够预先编制程序。即使“秃鹰”进行飞行，它的飞行路线也能够经由通信网络与地面管理员链接进行修正。在测试期间，“秃鹰”并没有实现其全部的潜能。工程师宣称“秃鹰”飞行距离能够超过 37000km，留空飞行时间可超过一周，并且飞行高度可达到 22250m。但是在商业市场上，“秃鹰”却一直没有找到买家，因为“秃鹰”尺寸较大、速度缓慢且缺乏隐身能力，使其易受攻击而不能用于军事。但是不得不承认，“秃鹰”在气候检测和大气研究方面的确有着巨大的潜能，只是在当时这样一架飞行器的费用大大超过了大部分民用机构的预算,所以最终“秃鹰”还是被送进了圣地亚哥希勒博物馆。

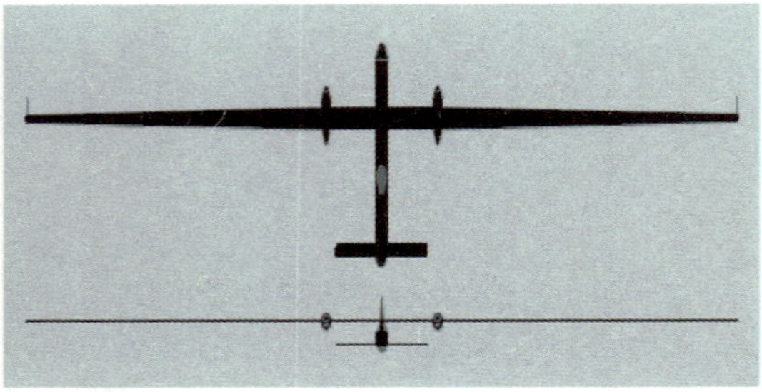

图 1–8 “秃鹰”无人机

1984 年，美国国防部预先研究计划局（ARPA，现在的 DARPA）把一份 4 亿美元的合同授予了加利福尼亚州欧文市的 LSI 公司（由无人机的先驱 Abraham Karem 于 20 世纪 70 年代后期建立），要求其制造名为“琥珀”（Amber）（见图 1–9）的长航时无人机。LSI 最初制造了 3 架飞行器，共有两种构型，一种叫做 A45，一种叫做 B45。A45 前端的突出部位带有弹头，可作为低成本巡航导弹，当飞越目标时，利用机翼上安装好的挂架，无人机就能把弹头投射在目标上。B45 是一种可以重复使用的侦察无人机，突出的前端安装了照相机和其他传感器。1986 年 11 月，B45 进行了首飞；1987 年，进行了长航时飞行，它的留空飞行时间曾达到 38h 以上，这在当时是一个新的纪录。

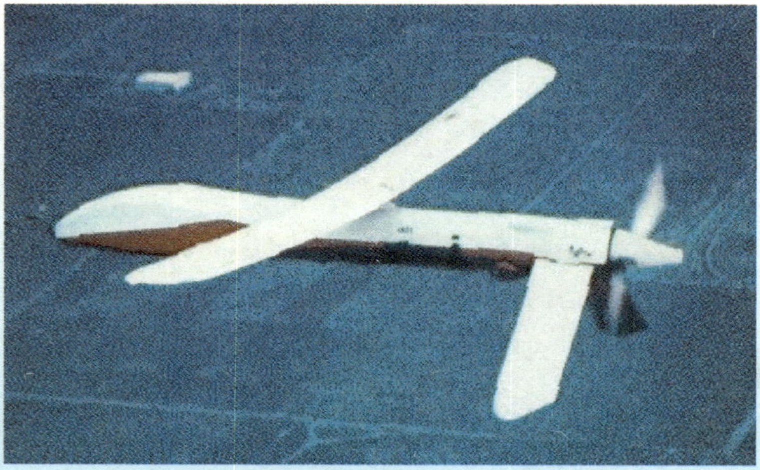

图 1–9 “琥珀”Ⅰ无人机

“琥珀”的相关资料在1988年前就解密了，同时为了避免出现更多重复发展成果，美国无人机联合计划项目办公室（UAV-JPO）对军用无人机计划进行了重新规划。在UAV-JPO的指导下,LSI生产了7架“琥珀”Ⅰ;升级了“琥珀”B45，使其能够运用于军事。“琥珀”Ⅰ能够飞行在1500m的高空，可留空38h左右，它装备有一台自动驾驶仪和双向数据链，能够利用装在前端的电视摄像机拍摄的图像从地面起飞。1989年10月，美国空军对“琥珀”进行了成熟度测试，使用了3架“琥珀”B45原型机和7架“琥珀”Ⅰ。测试成功地验证了整个系统包括传感器和地面设备在内的可靠性和维修性，到1990年1月，所有的“琥珀”都被正式移交给了美国政府。然而就在当年，由于预算的问题，“琥珀”项目被取消，除了没有进行公开飞行的飞行器外，其他所有的飞行器都被立即送进了仓库。

1.1.6 Tier无人机发展计划

Tier无人机发展计划是DARPA负责进行的一项无人机“三结构层次”发展计划，Tier只是计划名称，而不是正式的军事装备名称。该计划包括4个部分：

（1）TierⅠ：低空长航时，代表机型GNAT 750。

（2）TierⅡ：中空长航时(MALE),代表机型有MQ-1“捕食者”(Predator)和MQ-9“收割者”(Reaper)。

（3）TierⅡ+：高空长航时无人机。飞行高度18200～19800m，空速低于300kn，具有24h留空能力，是TierⅢ-的补充，代表机型为RQ-4“全球鹰”。

（4）TierⅢ-:高空长航时隐身无人机。与TierⅡ+无人机具有相同的参数，在该计划停止前代表机型是RQ-3“暗星”(Dark Star)。

1.1.6.1 TierⅠ：通用原子GNAT 750

“琥珀”计划取消以后，又很快被恢复。1988年，LSI公司为了对外出口，开始发展一种“琥珀”的简化型，名叫GNAT 750（见图1-10，其性能参数见表1-1)。该机于1989年进行了首飞。GNAT 750的构型类似于“琥珀”，但从某种程度上说又比“琥珀”更大，因为它更轻却能装载更重的载荷。

GNAT 750 能够从 2000km 以外的驻扎机场飞达侦察区域，并且能够在侦察区域飞行 12h 后再返回其驻扎机场。1991 年通用原子公司收购 LSI 时，有 8 架 GNAT 750 正在研制中。通用原子公司延续了该计划，并在 1993 年与土耳其政府签订了生产多架无人机的合同。

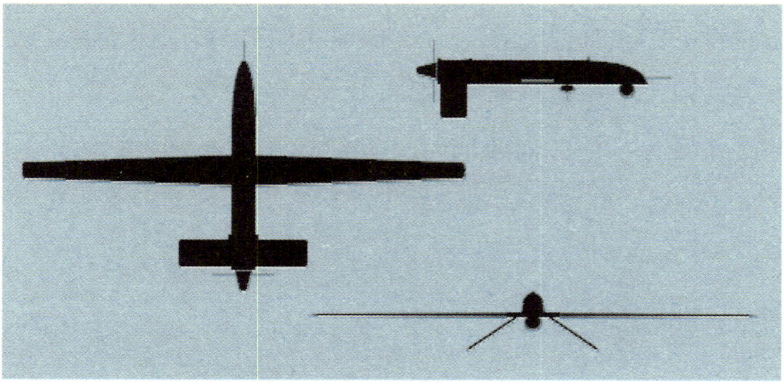

图 1—10 GNAT 750

表 1-1 GNAT 750 技术参数与性能

乘员	无
机长	5.00m
翼展	10.75m
高度	0.75m
空重	250kg
总重	520kg
动力装置	1×Rotax58265hp①
最大速度	192km/h
续航时间	48h
升限	7600m

与此同时，东欧社会主义国家瓦解正处于高潮期，美国政府想要获得一个智能系统帮助侦察这个区域，特别是南斯拉夫的情况。因此，通用原子公司获得了一份对 GNAT 750 进行较小改动的合同，GNAT 750 最终由美国中央情报局（CIA）使用。在试飞过程中曾经有一架 GNAT 750 坠毁，坠毁原因是飞机遭遇了从后方吹来的阵风，导致空速指示为 0，此时无人机的软件系

① 1hp=745.7W。

统做出了降落和关闭发动机的指示，使得 GNAT 750 快速坠向地面。

尽管存在这些问题，GNAT 750 在发展和使用的过程中依然带给人们一些惊喜。1994 年初，CIA 派遣了一个团队到阿尔巴尼亚执行监视南斯拉夫的任务，该团队配备了一架 GNAT 750，但 GNAT 750 的运行并不成功，它有许多软件故障，并受气象条件影响较大。该团队最终放弃了 GNAT 750。但 GNAT 750 还是被持续发展，出现了改进的 GNAT（“I-GNAT”）。新的改型安装了涡轮增压发动机，并通过全面改进以增强可靠性、减少维护及增强能力。从 GNAT 750 发展了新一代派生型——GNAT 750-45，也就是大家熟知的 MQ-1“捕食者”。

通用原子公司还曾用 GNAT 750 作为战术无人机“徘徊者”（Prowler）的基础。“徘徊者”外形与 GNAT 750 相似，但是缩小了尺寸，翼展为 7.31m，机长 4.24m，续航时间超过 16h。由于“徘徊者”没有获得购买合同，所以该无人机最终也没有摆脱被抛弃的命运。

1.1.6.2 Tier Ⅱ：MQ-1 和 MQ-9

（1）MQ-1

MQ-1“捕食者”是美国通用原子公司在其 GNAT 750 无人机的基础上为美国空军研制的中空长航时无人驾驶飞机，也是第一架在战斗中广泛使用的长航时无人机，其大小相当于 F-16 战斗机的一半，主要用于小区域或山谷地区的侦察监视，可为特种部队提供详细的战场情报。

图 1-11 挂载“地狱火”反装甲导弹的“捕食者”无人机

"捕食者"配备了一定数量的数据链天线，通过一个视距(LOS)的射频或者卫星数据链接来进行操控或者数据下载。该无人机能够为其他平台（例如J-STARS战场监视飞机或者潜艇）提供实时数据。"捕食者"的"驾驶员"使用飞机前端的电视摄像机对飞机的起飞和着陆进行遥控，使用全球定位系统/惯性导航系统（GPS/INS）进行预编程飞行。像GNAT 750一样，"捕食者"使用了大量的复合材料，由Rotax 912活塞发动机提供动力，有效载荷能力为225kg。

1994年，"捕食者"作为美国国防部的ACTD项目开始研制，同年7月首飞。1995年7月，"捕食者"被部署到波斯尼亚上空收集情报，为联合国战场指挥部及时提供所需情报，监视和中转显示敌方行动的图像，同时还可跟踪运动中的地空导弹系统。"捕食者"空中值勤共计120天，完成任务128项，飞行时间长达850h。1996年3月，"捕食者"又部署到了匈牙利。1997年，该项目被移交给美国空军，组建了第11、第15和第17侦察中队，这是美国国防部第一个转化为军事用途的ACTD项目。

"捕食者"投入使用以来，先后参加过美国在科索沃、阿富汗和伊拉克的军事行动，战绩优异。从1994年起，通用原子公司共生产了60多架"捕食者"。但从1997年开始，由于飞机缺少冗余设备，加上多次参战，已经至少损失了13架。

（2）MQ-9

MQ-9("捕食者"B)是MQ-1的改进型,也叫做"收割者"(见图1-12)。通用原子公司使用"捕食者"B-001的代号发展"收割者"无人机，B-001是概念验证机，于2001年3月进行了首飞。B-001由霍尼韦尔公司/联合信号公司的TPE-331-10T涡轮发动机提供动力，它具有"捕食者"标准的机身，但是对机翼进行了加长，从14.6m延伸到了20m。在有效载荷为340kg的情况下，B-001能够以390km/h的飞行速度飞到离地15200m的高空，并在这一高度停留30h。生产型无人机的最大飞行高度为15800m，留空时间为36h。飞得更高使得MQ-9拥有了在恶劣气候条件下飞行的能力，其地面系统仍然保持与最初的RQ-1/MQ-1"捕食者"一致。

图 1–12　MQ–9“捕食者”B

通用原子公司对“收割者”的设计进行了修改，将其分成了两个独立的方向进行发展。第一个是喷气动力版——“捕食者”B–002，使用威廉姆斯 FJ44–2A 涡扇发动机，有效载荷为 215kg，最大飞行高度为 18.3km，留空时间为 12h。这个版本被称为 RQ–1“捕食者”C。第二个版本是“捕食者”B–003，被通用原子公司称为“牵牛星”，它有新的机身，翼展为 25.6m，起飞重量为 3175kg。像“捕食者”B–001 一样，它也是使用 TP–331–10T 涡轮发动机，有效载荷为 1360kg，最大飞行高度为 15.8km，留空时间为 36h。

1.1.6.3　Tier Ⅲ计划

Tier Ⅲ长航时无人机计划应充分满足联合需求监督委员会（JROC）认可的长航时侦察、监视和目标截获（RSTA）能力任务需求，要求设计的无人机具有与现在的“全球鹰”无人机一样的航程、续航能力和有效载荷性能，且还应具有与 B–2 隐身轰炸机（见图 1–13）相似的低可观测性，可以在敌区飞行而不被雷达截获。

1993 年 7 月，美国国防科学委员会（DSB）发起了深度目标侦察 / 监视替代研究（或叫做夏日研究）。这项研究就是为了解决 Tier Ⅲ的需求，研究重点在于军事作战的图像支持上。研究结果表明 Tier Ⅲ计划概念既昂贵又不能满足 RSTA 能力需求，所以 DSB 决定终止该计划。

图 1–13　诺斯罗普·格鲁门 B–2 “幽灵” 隐身战略轰炸机

1994 年 4 月，DARPA 联合美国国防部空中防御侦察办公室（DARO）开始对两个高空长航时无人机系统进行研发：Tier Ⅱ +（后来发展为“全球鹰”）和 Tier Ⅲ –（后来发展为“暗星”）。两个系统可高低互补，Tier Ⅱ + 具有和 Tier Ⅲ – 一样的航程和有效载荷能力，但容易被观测到；Tier Ⅲ – 具有低可观测外形设计，但与 Tier Ⅱ + 飞行器相比，它的航程较短，有效载荷能力也较小。

1.1.6.4　Tier Ⅱ + 计划

Tier Ⅱ + 也就是“全球鹰”高空长航时无人机计划，是为了满足 DARO 向联合力量指挥部提供远程侦察能力的需要而设计的。“全球鹰”（代号 RQ–4，“R”开头的名称是美国国防部命名“侦察”（Reconnaissance）的首字母；“Q”指无人机；“4”是指美军现有的无人机计划中规划研制的第四种无人机。）具有从侦察监视区域昼夜全天候不间断提供数据和反应的能力，只要军事行动上有需要，它就可以随时启动。

1.1.6.5　Tier Ⅲ – 计划

Tier Ⅲ –“暗星”（RQ–3，见图 1–14）是全新概念的新型无人机，将主要用于实时侦察和监视。“暗星”无人机最初是 ARPA 根据“国防部 845 权力（该权力允许 ARPA 开展原型武器项目）”所执行的一个项目，其研制计划由 ARPA 和 DARO 负责组织制定和论证，主承包商是洛克希德·马丁公司和波音公司。1994 年 6 月 20 日，该计划的论证工作完成，按照合同要求，研制“暗星”无人机的主要任务由洛克希德 · 马丁和波音公司两家主承包商平分，各占 50%。波音公司负责机翼、自动控制系统（包括航空电子和探测设备）的研制和试验。洛克希德 · 马丁公司的任务是设计制造机身和机载系统，完成全机总装、综合调试和系统试验。发动机由威廉姆斯国际公司研制，威斯汀豪斯电气公司提供雷达，侦察 / 光学设备公司提供电光探测器等。

图 1–14 “暗星”无人机

“暗星”无人机的特点是：隐身、生存能力强，其活动范围和续航时间都比“全球鹰”更大更长。两者的主要区别在于“全球鹰”的主要任务是担负低威胁度或中等威胁度地区上空的侦察任务，而“暗星”主要用来执行高威胁区域上空的侦察任务。“暗星”计划于 1999 年 1 月 28 日被取消。

“暗星”的外形非常奇特（见图 1–15）：机翼硕大，机身扁平，采用了无尾式翼身融合体设计，有人称它为飞翼和飞碟设计的混合体。发动机为威廉姆斯国际公司研制的 FJ44 涡扇式发动机。机头上方的圆洞为发动机进气口，尾喷口位于后机身下部。采用了前三点式起落架，前轮很靠前，可向后收起；主起落架位于翼身连接处，可向里收入机身内。采用这种奇特的外形设计，主要是考虑到隐身能力和飞行性能的兼顾，尽量减小飞机的雷达截面积。为了提高“暗星”的隐身性能，在外形上采用低可探测布局的同时，还采用了大量的先进材料和制造工艺，如“暗星”的全复合材料、全胶结的大展弦比机翼等。

譬如运用了 B–2 隐身轰炸机和 F–22 先进战斗机（见图 1–16）的制造技术，机身下部还涂有黑色隐身涂料，机身上部涂成白色则是为了增加对太阳辐射的反射，减少吸热。

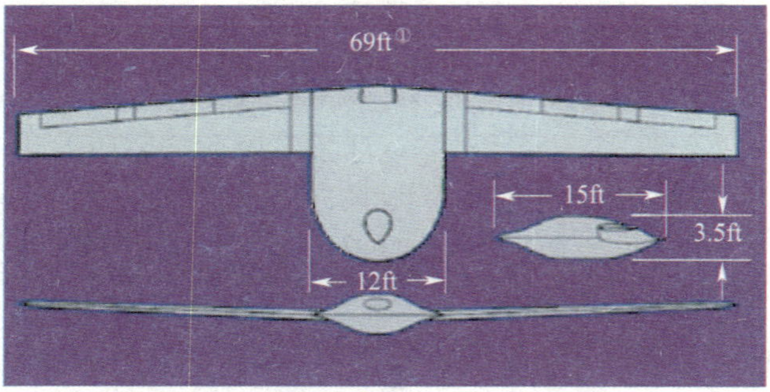

图 1–15 “暗星”无人机三面图

图 1–16 F–22“猛禽”战斗机

1.2 研制历程

“全球鹰”无人机作为 ACTD 计划的一部分，于 1994 年 10 月开始研制，1998 年 2 月首飞，在该计划执行期内共完成了 58 个起落，累计飞行 719.4h。2000 年 6 月，美军在作战能力评估中正式确认“全球鹰”具备了全部作战能力，同时将一个完整的“全球鹰”系统部署到了美国爱德华兹空军基地。

① 1ft=0.305m。

1.2.1 最初的 Tier Ⅱ +“全球鹰”计划

1994 年 4 月，DARPA 联合 DARO 开始了高空长航时无人机项目，目的是要开发和验证费用可承受、能连续进行全天候大范围侦察的高空长航时无人机系统，以支持军事作战。这些系统用来为战斗机提供情报、监视与侦察（ISR）信息，是对 DSB 建议的响应，也是对代表军方用户的 DARO 所规定的作战需求的响应。

该计划包括两方面的内容：“全球鹰”（Tier Ⅱ +）和“暗星”（Tier Ⅲ −）。其中“全球鹰”由特里达因 · 瑞安航空公司研制，是一个常规构型的高空长航时无人机。尽管集成了现有的成熟技术，但“全球鹰”还是一个全新的设计（而不是一种改型），并且它的作战概念包括了一些极具挑战的性能目标（如全自动控制、超长航程和续航时间）。此外，高空长航时无人机还是第一个采用全新采办流程的项目。纵观整个 Tier Ⅱ + 项目，没有先例或者以前的经验可以让工业部门和联合计划处（JPO）决策制定者参考和借鉴。

整个“全球鹰”研制最初的计划由 4 个阶段组成：初步设计阶段（阶段Ⅰ），设计、研制与试验阶段（阶段Ⅱ），测试、评估与制造阶段（D&E）（阶段Ⅲ）以及批量生产阶段(阶段Ⅳ)。阶段Ⅰ～Ⅲ于 1994 年 10 月～1999 年 12 月完成，整个项目时间为 63 个月。根据 1994 年 6 月 1 日高空长航时无人机阶段Ⅰ的招标书，制定了如下项目结构：

阶段Ⅰ：3 个承包商团队利用 6 个月的时间，开展系统目标评估（SOR）和初始系统规范评估（PSSR）工作。

阶段Ⅱ：2 个承包商团队利用 27 个月的时间设计和开发 Tier Ⅱ + 系统，完成系统规范和所有接口的定义，制造一个样机系统，以及成功完成最初的飞行试验。最终产品将是 2 架样机、1 套传感器、1 个样机地面站和 1 个能验证初始系统性能的支持设备。

阶段Ⅲ：1 个承包商团队利用 36 个月的时间达到成功进行 Tier Ⅱ + 系统作战演示验证的主要目标。最终产品是全面集成了所有子系统和传感器（除了 2 套光电 / 红外（EO/IR）传感器）的 8 套预生产飞行器系统，能支持飞行器的 2 套地面站，以及进行后勤保障和计划为用户进行 2 年 Tier Ⅱ + 系统战场演示验证的措施。这一阶段包括一份不可撤销的报价，以提供 10 架第Ⅳ阶段第一批的飞行器，连续出厂单价为 1000 万美元（1994 财年币值）。

阶段Ⅳ：在第 11 架飞行器和第四套地面站以后进行批量生产。

该计划显然期望在阶段Ⅲ演示验证结束时，就能立刻着手执行阶段Ⅳ的批量生产和作战使用计划。

但事与愿违，Tier Ⅱ + 项目的执行与最初的计划稍有不同（见图 1–17）。首先，有 5 个而不是计划的 3 个承包商团队参与了阶段Ⅰ的设计竞争；其次，在阶段Ⅱ选择承包商之前，对预算进行了缩减，导致最终只选择了 1 个承包商团队——特里达因·瑞安航空公司来进行阶段Ⅱ的工作，而不是最初计划的 2 个承包商团队；最后，成本的增加使得项目活动内容不得不更改，进度延后导致工程飞行测试工作延长，与之相关联的是阶段Ⅲ的演示验证工作缩短。然而，"全球鹰"系统充分演示验证了其军事效用，可以将其转化为正式的采办程序和作战力量。

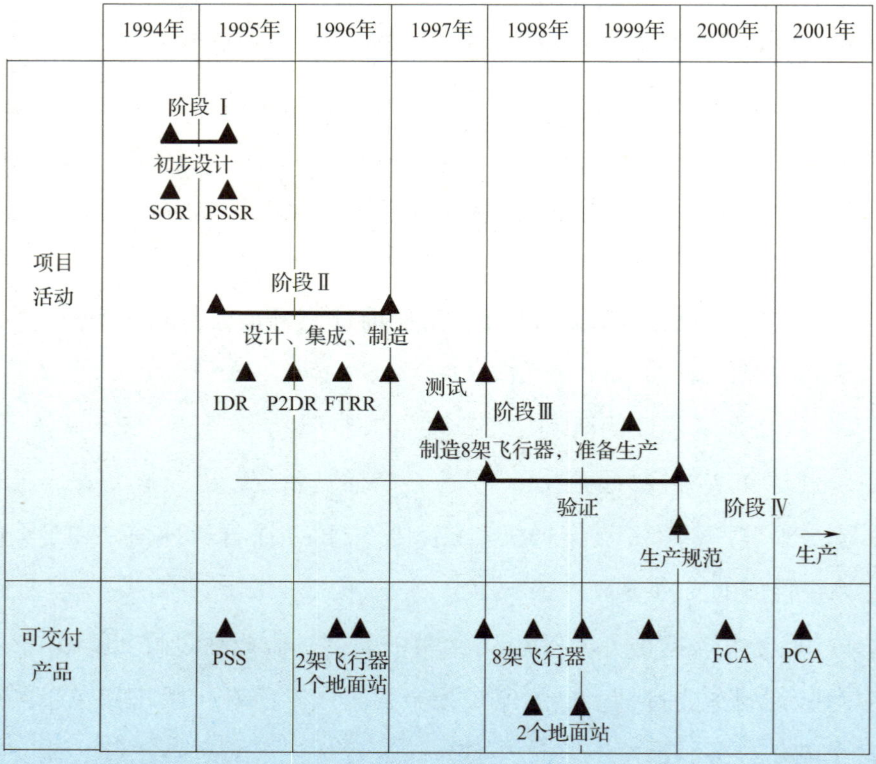

图 1–17　最初的 Tier Ⅱ + 项目进度表

1.2.2 阶段Ⅰ：初步设计

阶段Ⅰ开始于1994年10月，1995年3月结束，主要任务是在出厂单价的限制内充分定义飞行器、地面和支持系统以及系统接口，以获得完成性能目标的信心。这个阶段会形成初步系统规范、系统分段规范以及适用于阶段Ⅱ的建议协定。

1994年4月28日，JPO发布了阶段Ⅰ的招标书草案，阐述了1994年5月的工业简报增加的有关创新管理过程的某些方面内容，同时强调了出厂单价的需求和其他交易授权（OTA）845部分的含义。1994年6月1日，正式发布了阶段Ⅰ的招标书，表达了选择3家公司的意向，每家公司都将收到一份400万美元的“协议”。金额以“不超过”为基础，要想获得最终的付款，就必须达到招标书中所定义的可支付里程碑。此外，招标书还强调了1000万美元的出厂单价是该项目的主要目标，也是唯一的需求。基于系统能力文件（SCD）中描述的性能目标，招标书还给予承包商定义Tier Ⅱ+系统的完全决断自由，规定了承包商支配整个交易的权力。

14家承包商参与了竞标，每一家承包商都是由2个或多个公司的联盟构成，这次参与竞标的承包商出乎意料地多，并且包括了一些非传统的国防产品供应商（像奥罗拉和格罗比公司）。主要是由于在OTA 845部分中准许在采办过程中放弃，刺激了非传统国防供应商的参与。根据竞标情况，DARPA最终选择了5家团队来执行阶段Ⅰ的任务，它们分别是：

（1）劳拉系统公司联合前沿系统有限公司；

（2）诺斯罗普·格鲁门航空公司联合威斯汀·豪斯电气公司；

（3）轨道科学公司联合威斯汀·豪斯电气公司；

（4）雷神公司导弹系统分部联合洛克希德先进发展公司（臭鼬工厂）；

（5）特里达因·瑞安航空公司联合E－系统公司。

被选出的5家承包商团队将要进行新型无人机系统的研发，然后按要求于1995年3月将他们设计的构型交给DARPA进行评估。

在起草阶段Ⅱ招标书的同时，DARPA对5家承包商团队所提交方案的评估集中在各自的产品能力、项目结构和报价上，使用的标准如下：

（1）技术、管理和成本是否合理，报价是否完全和实际？

（2）竞标人是否理解工作范围和项目目标？

（3）在出厂单价的限制下，投标书满足所有性能目标的接近程度？

（4）基于目前的性能，承包商将如何成功完成阶段Ⅱ的工作？

1995年2月，评估草案又围绕4个方面进行了修正，重新定义了以下内容：

（1）系统能力：提议的系统如何接近满足系统能力文件（SCD）目标？最终的系统在作战环境中总体上将如何有效与适用？整个项目阶段提议的设计和技术方法如何稳定可靠？如何做好系统设计以支持发展和适应性？

（2）技术方法：技术方法是否低风险、是否最大化使用现有技术？技术方法和综合主计划（IMP）是否围绕整个系统？项目每个阶段的设计、开发和制造方法是否恰当？在IMP工艺中所描述的工艺规程是否满足预计使用？

（3）管理方法：IMP是否描述了一个能轻易追踪的良好规划项目？是否提议了一个利用所供资源能交付的系统？

（4）费用方法：竞标者使用既定财政经费能否完成计划的项目？既定经费是否与出厂单价一致？

在阶段Ⅰ执行期间，DARPA修改了阶段Ⅱ计划，要求制造两架飞行器、一个地面控制站以及一个验证系统。尽管DARPA曾宣称阶段Ⅱ将有两家承包商被授予合同（设计和飞行两套系统），但由于经费的限制而被迫只选择了一家承包商，使得Tier Ⅱ+项目过早排除了竞争，这样的做法在承包商圈子和美国国会引起了争议。表1–2介绍了最初的Tier Ⅱ+资金计划（括号里的数字）和修改后的计划。

表1–2 Tier Ⅱ+项目最初资金计划和修改后的计划 百万美元

	1994财年	1995财年	1996财年	1997财年	1998财年	1999财年	2000财年	2001财年	总计
阶段Ⅰ：(3) 5家承包商	(12) 20								(12) 20
阶段Ⅱ：(2) 1家承包商		(75) 40	(110) 80	(50) 38	6				(235) 164

续表 1-2

	1994 财年	1995 财年	1996 财年	1997 财年	1998 财年	1999 财年	2000 财年	2001 财年	总计
阶段Ⅲ：1家承包商				(75) 55	(130) 94	(50) 99	(20) 0		(275) 248
阶段Ⅳ：1家承包商						待定	待定	待定	待定

尽管阶段Ⅱ竞争是整个项目设计的主要部分，但是DARPA却没有进一步改变项目计划。因此，阶段Ⅱ实际上是一种单一资源、成本加奖金原则（CPIF）的活动，同时承包商有责任交付最好的设计且能在单价为1000万美元的成本内进行生产。

1.2.3 阶段Ⅱ：设计、研制与试验

阶段Ⅱ始于1995年4月，1998年6月结束。最初计划从开始到首飞的时间是27个月，但在承包商的合同中又增加了6个月的飞行试验，所以这个阶段共33个月。

1.2.3.1 发布阶段Ⅱ招标书

1995年2月15日，发布了阶段Ⅱ的招标书，招标书中规定了两个项目目标：

（1）制造一个高空长航时无人机侦察系统，在1000万美元的出厂单价限制下，该系统要能提供最大的军事效用；

（2）当做未来采办的典型范例来执行该项目。

招标书还说明了成本—性能的权衡对达到以上两个目标的重要性。虽然DARPA改变了资金结构以反映可用的经费（见表1-2），但是原计划的时间进度表却没有改变（见图1-17）。这就需要更详细的任务描述文件（TDD）、综合主时间表（IMS）和综合主计划（IMP）来确定所有子系统的可见性和定义出厂单价的分配。

阶段Ⅱ招标书还包括两部分阶段Ⅲ的选择：额外8架飞行器的固定价格；多出两个地面站及测试后勤保障工作的经费评估。招标书再次建议了强调使用综合产品组（IPT）结构、最大化利用商业系统、精简流程以及承包商责任

的管理方法。

TDD、IMP 和 IMS 将使用同样的结构，以增加相互之间的透明度。阶段Ⅱ招标书提供了首选结构和 IMP 功能的详细说明。IMP 包含两个部分：产品和过程。产品 IMP 是与项目管理正常关联的形式，定义了必须成功进行的系统设计、开发和测试工作项。顶层产品 IMP 包括以下一些最小工作项：初始设计评审（IDR）、最终设计评审（FDR）、待飞状态评审（FRR）、首飞（FF）、阶段Ⅲ产品完备性评审（PRR−3）、阶段Ⅲ验证状态评审（DRR）和阶段Ⅳ产品完备性评审（PRR−4）。每个任务都将包括判定其完成的标准。DARPA 打算在过程 IMP 中允许政府检查管理过程以及过程和产品是如何进行关联的，例如包括出厂单价跟踪和软件开发过程。阶段Ⅱ的 IMS 应该起源于阶段Ⅰ建议书中提交的初始IMS。在这些原则以内，承包商可以随心所欲裁剪其建议书。

1995 年 2 月发布的阶段Ⅱ招标书中还提到 DARPA 将会对 5 家承包商的建议书从系统能力、技术方法、管理方法和财务方法等方面进行评估，所有的评估标准都与 1000 万美元的出厂单价有关，再次强调了其重要性。

经过评估，特里达因·瑞安航空公司在 1995 年 5 月赢得了阶段Ⅱ的合同。DARPA 选择特里达因·瑞安航空公司的原因是由于其相对低的风险。特里达因·瑞安航空公司递交的是一个相对保守的飞行器设计方案，在选择资源时，预期的技术风险来自于飞行器部分。特里达因·瑞安航空公司的设计具有相对高的成本风险，但是其技术和性能风险却较低。

阶段Ⅱ的合同阐述了“特里达因·瑞安航空公司已经与工业界的领军企业建立了战略联盟，它们拥有丰富的经验和技能，能够为 Tier Ⅱ + 项目的成功做出重要的贡献。”下面列举了几个公司，它们是：

（1）E －系统公司：地面控制站和空中自我防御组件供应商；

（2）罗克韦尔公司：复合材料机翼供应商；

（3）艾利森发动机公司：推进系统供应商；

（4）休斯飞机公司：雷达和光电／红外传感器组件供应商。

然而，这些公司没有一个在合同上签字，特里达因·瑞安航空公司与供应商之间的合同都是单独签订的，不属于特里达因·瑞安航空公司和政府之间合同的一部分。

1995 年 7 月 31 日，TDD 作为附件 1 被写进阶段 Ⅱ 合同，同时还包括 IMP。不管是合同本身还是附件都没有明确区分产品和过程 IMP。TDD 描述了设计、开发和测试“全球鹰”系统的基本任务。

1.2.3.2 阶段 Ⅱ 前期工作

阶段 Ⅱ 的合同在 1995 年 8 月 3 日开始执行，但合同生效的日期却是 1995 年 4 月 6 日，是阶段 Ⅰ DARPA 和特里达因 · 瑞安航空公司之间签订的原始合同的修订版。在项目开始的头 3 个月更改了计划的细节设计，延伸了最初的特里达因·瑞安航空公司建议书中的内容。根据参考说明，合同包括了系统说明书、TDD、IMP 和 IMS，这些文件详细说明了系统能力目标和阶段 Ⅱ 活动是如何组织的。

阶段 Ⅱ 的活动包括完成 Tier Ⅱ + 的设计、定义系统规范与接口、制造两架飞行器与一个地面控制站以及完成一个初始飞行试验项目。为了完成这些任务，特里达因 · 瑞安航空公司在合同中列出指导方针与方法以确保低风险开发和高军事效用。

（1）及早测试；

（2）与现有军事系统的兼容性；

（3）结合产品开发方法；

（4）权衡最大化军事效用；

（5）建立成长路线；

（6）最大化利用货架产品（OTS）；

（7）最大化使用开放式结构；

（8）使系统生命周期成本最小化；

（9）要求供应商参与 IPT；

（10）邀请用户参与 IPT。

这些指导方针反映了项目的管理哲学，包括用户参与、IPT 结构、性能权衡和使用货架产品等。

1995 年 9 月 6 日，特里达因 · 瑞安航空公司完成 Tier Ⅱ + 高空长航时无人侦察机系统的初步设计评审（IDR）。“全球鹰”作为如此复杂的一个系统，从研制到首飞只经历了 20 个月，时间非常短。首飞时并不需要集成所有的有

效载荷，只是需要完整的飞行器、地面支持系统的发射和回收单元（LRE）、联合通信数据链以及所有相关的软件都必须完全开发到位并确保具有高可靠度，因为系统从一开始就被要求能进行自主飞行。

“全球鹰”系统由以下主要部分构成：

（1）飞行平台：由飞行器和有效载荷组成；

（2）地面控制站：由 LRE 和任务控制单元（MCE）组成；

（3）支持系统：提供后勤保障，这对于战场中系统的使用十分必要。

作为主承包商，特里达因·瑞安航空公司负责 3 个主要部分并把它们综合进整个系统中。整个项目的管理被分成 6 个部分，每部分由一个 IPT 管理。这 6 个部分分别是：

（1）飞行器；

（2）有效载荷；

（3）地面控制站；

（4）支持设备；

（5）系统工程 / 项目管理；

（6）系统测试。

与阶段Ⅰ相比，阶段Ⅱ中 Tier Ⅱ + 项目的活动从概念和分析研究向工程开发、关联硬件和软件产品转换，使得整个项目日益复杂。下面列出的是在阶段Ⅱ影响整个“全球鹰”项目的主要事件和条件。

（1）在阶段Ⅱ缩减预算导致失去竞争环境。在阶段Ⅰ削减预算，从根本上改变了之前依赖的竞争性合同和管理环境，影响了阶段Ⅱ的执行，以确保承包商利用政府干预的较弱刺激和有限方法对单一资源进行最佳管理。

（2）低估综合风险。对于软件开发和系统综合的风险强调不够。

（3）作为主承包商，特里达因·瑞安航空公司是一个相对小型的组织，对小型无人机项目经验丰富，但是在大型和复杂项目上却缺乏经验。公司主要的技术优势是在飞行器系统上，而在关键软件和综合领域缺乏能力。由于公司比较小，所以在解决问题方面资源有限，管理也相对较弱，至少初期是依靠人为管理。

整个 Tier Ⅱ + 项目最主要的技术挑战是软件开发和系统综合。在阶段Ⅱ，特里达因·瑞安航空公司没能尽早确认重要的新的软件开发需求，在阶段Ⅱ的第一年里，公司没有足够的项目软件开发和综合能力。政府虽然知道特里达因·瑞安航空公司在资源选择领域能力较弱，但是认为特里达因·瑞安航空公司在飞行器设计和开发上具有较强的能力，所以还是把合同授予了它。随着工作的开展，越来越清晰地表明关键的技术挑战在于系统综合，而不是开始预期的飞行器设计。当政府指出在项目风险和承包商能力之间存在差距时，特里达因·瑞安航空公司管理方拒绝承认这个问题，并且由于合同结构，使得政府完全没有追索权。在阶段Ⅱ开始约一年后，公司对其管理进行了改革，使得资源能恰当应用，对软件开发和综合问题也进行了充分处理。

1996 年 4 月，首架“暗星”在第二次飞行起飞时坠毁，这一事件直接影响了“全球鹰”项目。尽管这两个项目相互独立，但“暗星”坠毁导致整个高空长航时无人机项目的风险提高。因此，出现了更为保守的设计，增加了评估，也增加了对前期无计划单点故障的分析，以及首飞前在系统综合实验室的测试。JPO 和特里达因·瑞安航空公司也增加了阶段Ⅱ的活动以确保首飞前进行了足够的开发并使其更加成熟。

在阶段Ⅱ早期，IMP 和 IMS 没有进行综合或更新。工程师也就是 IPT 的技术领导，按照进度表和成本目标开展工作，却没有充分对其进展进行记录，例如跟踪当前的成本和时间进度。特里达因·瑞安航空公司新的管理结构采用了一种遮盖商业关注的方法，以确保进行足够的成本和时间进度跟踪。1997 年 4 月，公司采用了把成本和进度情况全面综合进挣值系统的方法。修订了 IMP 和 IMS，以反映项目的当前状况。

1.2.3.3　阶段Ⅱ首飞及飞行测试

由于技术问题使得成本增加、进度延迟，“全球鹰”首飞被推迟到初始计划开始后的第 14 个月。对用户评估的时间也被压缩，以保证产品决策的时间。此外，飞行器数量决策先于产品决策，从 10 架减到了 5 架。表 1–3 显示了 1998 年 7 月基于可用官方项目文件“全球鹰”主要里程碑事件的进展。

明显的改变是首飞的延后，项目管理的延迟作为阶段Ⅱ的延期结果一并转给了空军，使得阶段Ⅲ用户评估时间被压缩。尽管在其他关键事件上有变更，

表 1–3 “全球鹰”主要里程碑事件进展

“全球鹰”进展	工业简报	阶段 II IMS	IMS/IMP 评审	设计评审	管理计划 6.1 版	Heber SASC 声明	管理计划 7.0 版	DUSD（AT）网点	高空长航时无人机用户会议	POM 2000 简报
里程碑事件	1994 年 5 月	1995 年 3 月	1995 年 6 月	1996 年 1 月	1996 年 8 月	1997 年 4 月	1997 年 12 月	1998 年 2 月	1998 年 2 月	1998 年 3 月
阶段 I 合同授予 / 开始					1994 年 10 月		1994 年 10 月			
阶段 II 合同授予 / 开始	1995 年 4 月		1995 年 5 月		1995 年 6 月		1995 年 6 月			
初步设计评审	1995 月 8 月	1995 月 8 月	1995 年 8 月	1995 年 8 月	1995 年 8 月		1995 年 8 月			
最终设计评审 –1		1995 年 11 月	1996 年 1 月	1996 年 1 月	1996 年 1 月		1996 年 1 月			
最终设计评审 –2	1995 年 12 月	1996 年 3 月	1996 年 4 月	1996 年 4 月	1996 年 6 月		1996 年 10 月			
EIC		1996 年 9 月	1996 年 9 月	1996 年 9 月						
试飞准备就绪评审 –1	1996 年 6 月	1996 年 11 月	1996 年 11 月		1996 年 11 月		1997 年 8 月			
首飞	1996 年 12 月	1996 年 12 月	1996 年 12 月	1996 年 12 月	1996 年 11 月	1997 年 11 月	1997 年 11 月			1998 年 2 月
试飞准备就绪评审 –2		1997 年 4 月	1997 年 4 月							

续表 1–3

“全球鹰”进展	工业简报	阶段 II IMS	IMS/IMP 评审	设计评审	管理计划 6.1 版	Heber SASC 声明	管理计划 7.0 版	DUSD(AT) 网点	高空长航时无人机用户会议	POM 2000 简报
有效载荷首飞		1997 年 5 月	1997 年 5 月	1997 年 5 月	1997 年 5 月		1998 年 2 月			1998 年 8 月
JPO 转场至空军基地					1997 年 11 月			1998 年 10 月	1998 年 3 月	
阶段 II 结束 / 阶段 III 合同授予 / 开始	1997 年 8 月		1997 年 12 月		1997 年 8 月	1998 年 9 月	1998 年 11 月	1998 年 10 月		
阶段 III 量产准备就绪评审		1997 年 6 月	1997 年 6 月							
阶段 III 验证准备就绪评审		1997 年 11 月	1997 年 10 月							
阶段 IV 量产准备就绪评审		1999 年 11 月								
阶段 III 初步军事效用评估					1998 年 8 月		1998 年 8 月			1999 年 7 月
阶段 III 最终军事效用评估					1999 年 11 月		2000 年 2 月			2000 年 1 月
阶段 III 结束	1999 年 12 月	1999 年 12 月			2000 年 2 月	2000 年 9 月	2000 年 2 月		1999 年 12 月	
生产 / 军队联合决策					2000 年 2 月		2000 年 2 月	1999 年 12 月	1999 年 12 月	

注：表中日期为评审 / 来源文件日期，均为评估值，除非评审日期早于表格中的值。某些日期包含了完整的高空长航时无人机项目（“暗星”和 CGS）：成立项目办公室、军事效用评估、生产 / 军队联合决策、JPO 转场。

但是 1999 年 12 月作为 ACTD 结束的日期并没有改变。DARPA 计划在 1998 年 9 月把管理权力转给空军，作为阶段Ⅱ正式结束的标志，但是开发测试将会持续到阶段Ⅲ用户验证阶段的首月。更为重要的是用户评审被有效缩短为 12 个月（1999 年 1 ~ 12 月），包括一套简化的作战想定和环境。ACTD 的所有项目资金在 1999 年 12 月终结。

持续推迟首飞的主要原因有两个。其一是“暗星”在 1996 年 4 月 22 日第二次试飞时坠毁，调查显示坠毁原因主要是由于飞行控制软件问题。JPO 经理坚持首飞前应在系统综合实验室（SIL）对飞行控制软件进行全面验证。第二个原因是开发软件时出现的问题推迟了在 SIL 的全面验证。接口定义问题也导致了首飞的延迟，包括命令、控制和数据处理 / 链接。

1998 年 2 月 28 日，“全球鹰”（UAV–1）最终在爱德华兹空军基地进行了首飞，共持续了 52min，达到了 9750m 的高度。虽然在飞行过程中出现了很多问题，但证明了系统是足够健壮的，使用超控命令就能解决问题，而超控命令是在未来的飞行中才被列入测试进度表的。1998 年 5 月 10 日，“全球鹰”又成功进行了第二次飞行，比计划的 1998 年 4 月 4 日进行第二次飞行晚了 5 周。此次飞行持续了 2h34min，达到了 12500m 的高度，演示验证了借助卫星通信指令链路进行双路控制和交接的功能。“全球鹰”第三次飞行是在 5 月 30 日，持续时间 5h22min，达到了 15600m 的高度，飞行了 3450km。1998 年 9 月，尽管“全球鹰”无人机系统的两台综合任务计算机中的一台在飞行中发生故障，但最终还是完成了首次夜航任务。

1998 年 11 月，第二架“全球鹰”（UAV–2）首飞，12 月 2 日进行了第二次飞行。在 1999 年 1 月 22 日进行的飞行中携带了 3 种传感器，在一次历时 6h24min 的飞行中捕获到 21 个光电、3 个合成孔径雷达（SAR）和 2 个红外图像。但是第二架“全球鹰”在 1999 年 3 月 29 日的试飞中坠毁，坠毁时距起飞仅 20min，机上携带的专门为“全球鹰”设计的侦察传感器系统被毁坏。

“全球鹰”是一个大型复杂的飞行器系统，且还是一架“自治”无人机，这也就决定了飞行测试项目的速度不会太快。“全球鹰”的研制飞行试验由首批 21 架次飞行组成，在阶段Ⅱ的工程研制试飞已大致完成，这是一个传统的模拟／确认项目。表 1–4 显示的是在阶段Ⅱ进行的主要飞行测试项目。UAV–1 和 UAV–2 在 16 个月的周期里面共计出动了 21 架次，飞行 158h（见图 1–18）。其中 UAV–1 出动了 12 个架次，总计飞行 103h；UAV–2 飞行了 9 个架次，总计飞行 55h。UAV–1 的第 11 次飞行是计划的第 20 架次，也是飞行时间最长的，持续了 27.2h。UAV–1 主要测试适航性，而 UAV–2 主要测试有效载荷。

表 1–4　阶段Ⅱ进行的飞行测试

日期	飞行编号	飞行器	最大高度/m	重大事件	续航时间/h	总飞行时间/h
1998 年 2 月 28 日	1–01	UAV–1	9700	首次飞行	1	1
1998 年 5 月 10 日	1–02	UAV–1	12500	跟踪超控命令	2.4	3.4
1998 年 5 月 30 日	1–03	UAV–1	15600	全部超控命令	5.3	8.7
1998 年 8 月 29 日	1–04	UAV–1	18600	巡航上升评估	5.8	14.5
1998 年 9 月 17 日	1–05	UAV–1	18000	夜间电子对抗系统性能	6.2	20.7
1998 年 10 月 29 日	1–06	UAV–1	18000	执行中断进场着陆并复飞	9.7	30.4
1998 年 11 月 20 日	2–01	UAV–2	15240	UAV–2 首飞	3.1	33.5
1998 年 12 月 4 日	2–02	UAV–2	15240	宽频通信检验	3.3	36.8
1998 年 12 月 19 日	2–03	UAV–2	17000	有效载荷检查飞行	7.4	44.2
1999 年 1 月 22 日	2–04	UAV–2	17600	首次图像传输	6.4	50.6
1999 年 1 月 28 日	1–07	UAV–1	17500	燃料平衡度检验	1.7	52.3
1999 年 2 月 2 日	1–08	UAV–1	19300	评估任务持续时间	10.1	62.4
1999 年 2 月 20 日	2–05	UAV–2	18600	用于广域搜索（WAS）和聚束扫描（Spot）的合成孔径雷达／光电／红外传感器（SAR/ EO/IR）	12.5	74.9
1999 年 2 月 28 日	1–09	UAV–1	20200	续航时间扩展	18.1	93
1999 年 3 月 11 日	2–06	UAV–2	7300	传感器包	0.7	93.7
1999 年 3 月 13 日	2–07	UAV–2	18700	传感器包／图像	15.2	108.9
1999 年 3 月 26 日	2–08	UAV–2	17200	传感器包／通信检查	5.8	114.7
1999 年 3 月 29 日	2–09	UAV–2	12500	重复传感器／通信检查	0.4	115.1

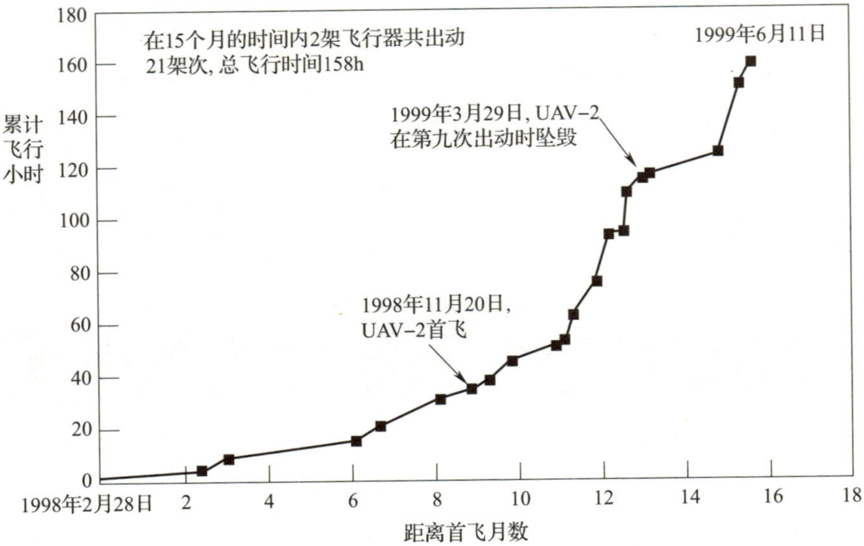

图 1-18 “全球鹰”阶段 II 的飞行测试项目

图 1-19 显示了“全球鹰”阶段 II 的成本变化。合同总成本包括了所有阶段 II 资助的活动，以及成本共享政府部分、承包商费用和承包商成本共享。总增长达到了 121%，其中 2/3 可以归结于阶段 II 活动的增加。额外活动主要成本的增加是在阶段 II B，这个阶段批准制造了第三和第四架飞行器，第五架飞行器也准备采购。

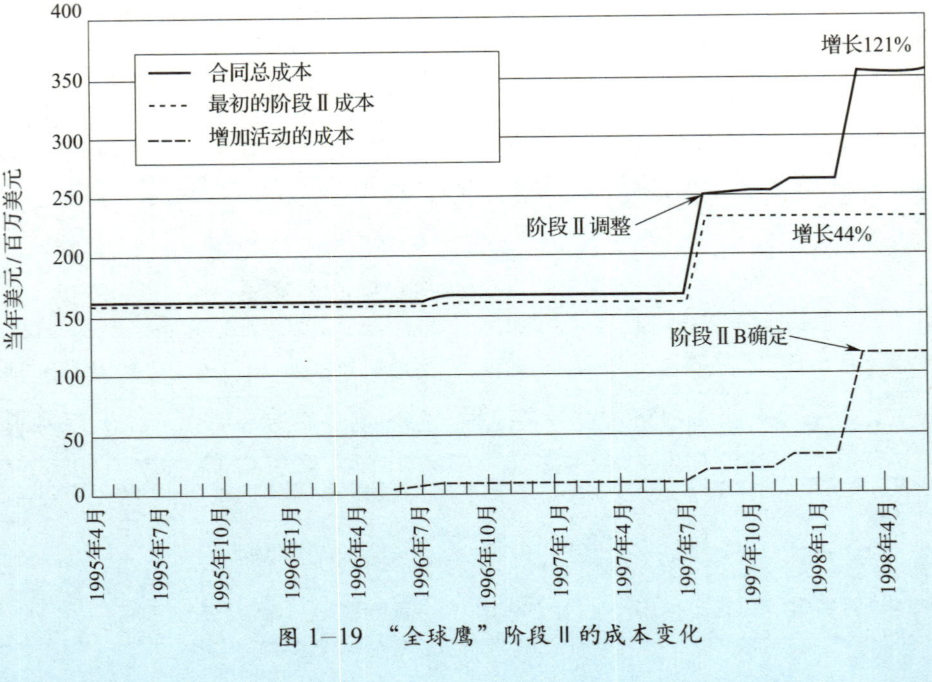

图 1-19 “全球鹰”阶段 II 的成本变化

由于一些原因，此时出厂单价的增长也超过了1000万美元的目标，评估认为超过了200万～300万美元。开发成本的增加是因为技术问题、进一步的软件开发以及集成货架产品的困难。然而这些问题从本质上来说都是一次性成本，都能够被分解，所以第11～第20架飞行器的出厂单价并没有受到影响。更重要的是，系统没有放弃任何功能。

阶段Ⅱ存在的主要问题和取得的主要成就如下。

（1）技术：项目要求不曾预料的软件开发和没有预期的复杂综合任务。然而通过3次相当成功的试飞验证，飞行器的性能目标几乎全部满足。

（2）进度表：虽然ACTD的整个时间长度得到保证，但是由于临时里程碑事件中的错误，对活动内容进行了删减。首飞被推迟了14个月（从1996年的12月推迟到1998年2月），移交给空军管理推迟了12个月，一直延迟到1998年10月。阶段Ⅲ从24个月压缩为15个月。然而，由于需要完成阶段Ⅱ延迟的飞行试验项目，阶段Ⅲ实际上只用了12个月进行用户评审测试。

（3）成本：最初阶段Ⅱ目标的开发成本增长已经接近7000万美元，大约增长了44%。假如最初的潜在假设存在，出厂单价几乎突破了200万～300万美元。

（4）数量：阶段Ⅲ采购数量从8架飞行器减少到最多3架，总的数量从计划的10架减少到最多5架。合同中给出了制造的时间和当前系统数量，最多5架飞行器可以用来支持用户评审。

（5）其他：阶段Ⅱ中承包商管理改变了3次，这是一个问题项目的指示器。相反，政府项目管理仅更改了1次，在整个阶段Ⅱ中都是持续一致的。

1.2.4 阶段Ⅲ：测试、评估与制造

1999年6月，“全球鹰”进入阶段Ⅲ——用户测试与评估阶段。阶段Ⅲ重点关注生成信息，以支持军事效用评估（MUA）。这个阶段包括一个不可取消的价格，以确保在阶段Ⅳ一批次内提供10套飞行平台。阶段Ⅲ计划的承包商团队要制造8套预生产飞行平台，能支持飞行器的2套地面控制站，以及进行后勤保障和计划为用户进行两年Tier Ⅱ＋系统战场演示验证的措施。

此时项目管理权移交给了位于赖特帕特森空军基地（WPAFB）的空军航

空系统中心一个联合服务机构，由空军领导。阶段Ⅲ的目标是成功进行作战演示验证和完成能使 1000 万美元的出厂单价在阶段Ⅳ达到的所有任务。阶段Ⅲ计划持续的时间大约是 30 个月，根据修订过的 DARPA 合同执行。

图 1–20 显示了“全球鹰”阶段Ⅲ飞行测试项目累计的飞行时间。在 13 个多月的时间里共出动了 37 个架次，总飞行时间达到 554h，使用了 4 架飞行器。支持 11 次演习的测试与评估任务总计是 21 个起落，总飞行时间为 381h。在阶段Ⅲ的 13 个架次、152.3h 的飞行是为了对 UAV–3（4 次飞行）、UAV–4（5 次飞行）和 UAV–5（4 次飞行）进行功能校验。额外的 3 个架次、20.7h 的飞行是为了校验其他的工程研制目标（例如机翼压力验证）。

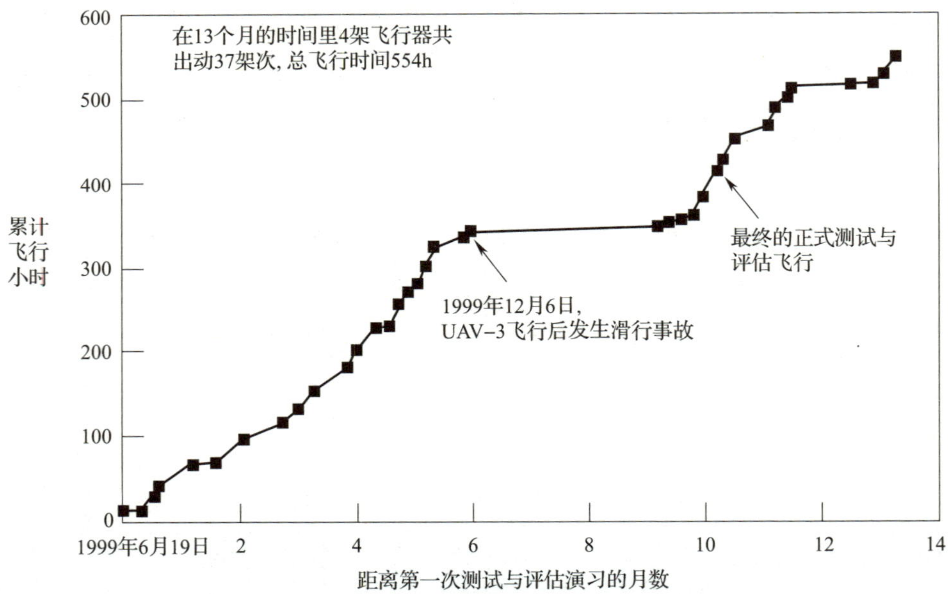

图 1–20 “全球鹰”阶段Ⅲ的飞行测试项目

“全球鹰”参与的 21 次军事演习任务如下：

(1)“流沙”1（1999 年 6 月 19 日）；

(2)“流沙”2（1999 年 6 月 26 日）；

(3)“流沙”2B（1999 年 6 月 27 日）；

(4) 扩展航程 1–1（1999 年 7 月 15 日）；

(5) 扩展航程 1–2（1999 年 7 月 27 日）；

(6) 扩展航程 2/JEFX/ 联合陆军演习（CAX）（1999 年 8 月 30 日）；

（7）CAX99–10 美国海军陆战队演习（1999 年 9 月 9 日）；

（8）扩展航程——美国海军“海豹”（1999 年 10 月 4 日）；

（9）扩展航程 3–02——美国海军“海豹”和近距离空中支援（CAS）（1999 年 10 月 8 日）；

（10）扩展航程 4–01——阿拉斯加（1999 年 10 月 19 日）；

（11）扩展航程 4–02——阿拉斯加（1999 年 10 月 25 日）；

（12）“沙漠闪电” Ⅱ （1999 年 11 月 9 日）；

（13）“沙漠闪电” Ⅱ （1999 年 11 月 13 日）；

（14）“沙漠闪电” Ⅱ （1999 年 11 月 17 日）；

（15）联合特遣部队（JTF）–6 突击 1（1999 年 12 月 3 日）；

（16）JTF–6 突击 2（1999 年 12 月 6 日）；

（17）验证和评估部署到埃格林空军基地（2000 年 4 月 20 日）；

（18）海链 –1（2000 年 5 月 8 日）；

（19）海链 –2（2000 年 5 月 11 日）；

（20）联合特遣部队演习（JTFEX）00–1（2000 年 5 月 18 日）；

（21）JTFEX00–2（2000 年 5 月 19 日）。

在阶段Ⅲ进行的 37 架次任务飞行中，有 26 架次全部满足了任务目标，有 6 架次没有满足目标，有 5 架次从某种程度上满足了目标。2000 年 5 月，测试与评估项目结束。2000 年 6 月，美军在作战能力评估中正式确定“全球鹰”具备了全部作战能力。2000 年 6 月 19 日，UAV–4 重新从埃格林空军基地部署到了爱德华兹空军基地。接下来的 4 架次飞行是对 UAV–5 的功能校验。UAV–5 在 2000 年 7 月 19 日进行了第四次飞行，是在 ACTD 项目阶段Ⅲ进行的最后一个架次。表 1–5 按阶段和飞行器汇总了“全球鹰”飞行测试项目。很明显，UAV–1 承担了项目的大量工作，参与了阶段Ⅱ和阶段Ⅲ的飞行测试。UAV–3 ~ UAV–5 仅仅参与了阶段Ⅲ的工作。2000 年 6 月，空军完成了对“全球鹰”无人机系统的 MUA，ACTD 阶段结束，在整个 ACTD 计划执行期内共完成了 58 架次 719.4h 的飞行。

以下是“全球鹰”ACTD 飞行测试的结果，主要归结于其新颖的采办方法。

表 1–5 “全球鹰”飞行测试项目汇总　　架次 / 飞行小时

阶段	UAV–1	UAV–2	UAV–3	UAV–4	UAV–5	总计
Ⅱ	12/102.9	9/55.1				21/158
Ⅲ	13/225.4		9/121.8	11/167.8	4/39	37/554
Ⅲ +					5/25.1	5/25.1
总计	25/328.3	9/55.1	9/121.8	11/167.8	9/64.1	63/737.1

（1）任务规划流程繁琐，耗费大量时间。在阶段Ⅱ投标时，承包商就知道需要更多的资金构建用于维持工作的任务计划系统。然而，由于 ACTD 的重点集中在验证军事效用上，在当时军事效用还不曾被定义而且没有及时规定出动架次，所以做出的结论就是推迟投资。任务计划作战适用性一旦被写进早期项目的效用定义中，它就可能获得更多的经费，虽然有可能是其他活动的经费。

（2）项目缺乏人员培训以及充足的备件资源。其原因一部分在于用于增加的非重复工程活动项目内资源的重新分配，另一部分在于 ACTD 持续过程中高度受限的预算。

（3）飞行测试项目速度太快，阻碍了某些任务计划的进程，并使资源受限。测试人员的负担明显过重，是造成 UAV–3 滑跑事故的原因。

（4）承包商作为飞行测试、计划和执行的领导，其指派不当会导致一个项目的失败。承包商也许不用具备必需的能力、经验和愿景（文化）来运作一个军事测试项目的所有方面，测试与作战团队会承担飞行试验项目的大部分计划和执行工作，他们的协助对项目的完成是必须的。

（5）ACTD 和 ACTD 之后的用户群关于作战概念的严重观点差异阻碍了项目过渡到重大国防采办项目（MDAP）的进程。最初的作战概念由 DARPA JPO 提出，后来由联合部队司令部（JFCOM，作为指定的 ACTD 用户）进行更改和扩展。空战司令部（ACC）的作战概念在传感器任务重新分配和分散路径访问方面与当前系统相似，ACC 相信这就是总司令需要的东西。JFCOM 的作战概念利用了通信和处理技术的进步，采用了联合定位方法。ACTD 测试与评估阶段演示验证了 JFCOM 的作战概念，ACC 没有演示验证其关于“全球鹰”的作战概念。

(6) ACTD 和 ACTD 后期用户在作战需求定义上的不同也对该项目过渡到 MDAP 起了阻碍作用。经过试验演示验证的 ACTD 构型的能力对一套 ACTD 后期系统的需求确定应有什么程度的影响，这才是根本问题。计划在 ACTD 后期研制中采用的螺旋式开发（SD）理念意味着需求随着系统构型和批次升级而逐渐发展。这种过程的结果是，早期的构型不会拥有军方期望得到的所有能力。所有 MDAP 需要的作战需求文件（ORD）初稿并不完全反映系统经演示验证所展示的能力，后续改进取决于已知的不足之处。

在整个“全球鹰”无人机研制过程中，总共生产了 7 架原型机，但是由于“全球鹰”在未完成试验和评估之前就投入实战，所以 7 架原型机在试验和实战中有所损毁，其部署及去向见表 1–6。图 1–21 为移交给 NASA 德莱顿飞行研究中心的“全球鹰”AV–1 原型机，图 1–22 为停放在加利福尼亚州爱德华兹空军基地的“全球鹰”AV–7 原型机。

表 1–6 “全球鹰”原型机的部署与去向

原型机代号	部　署
AV–1	1998 年 2 月 28 日，在爱德华兹空军基地首飞； 1999 年 10 月 19 ~ 20 日，完成首次水上飞行试验； 2000 年，飞越加拿大领空，参加联合评估项目； 2007 年 12 月移交给 NASA 德莱顿飞行研究中心用做科学实验
AV–2	1998 年 11 月 20 日首飞； 1999 年 3 月 29 日，在内利斯空军基地试飞时，因地面发出错误的“飞行终止”信号，在加利福尼亚州中国湖坠毁
AV–3	1999 年 4 月 29 日移交爱德华兹空军基地； 2001 年 11 月部署到阿富汗战场； 2003 年 3 月部署到伊拉克战场； 2006 年，其作战任务由两架生产型 RQ–4A “全球鹰”（AF–4 和 AF–5）取代，于 2006 年 2 月 20 日返回美国
AV–4	2000 年 5 月 8 ~ 9 日，从埃格林空军基地起飞，跨越大西洋抵达葡萄牙，参加北约军事演习； 2002 年 3 月部署到阿富汗战场，7 月 10 日在一次转场着陆时因燃油阀引起的发动机故障而坠毁
AV–5	2001 年 4 月，从爱德华兹空军基地起飞，完成无间断跨太平洋飞行，抵达南澳大利亚爱丁堡空军基地，参加为期 6 周的军事演习； 2001 年 11 月部署到阿富汗战场，12 月 30 日在返回阿联酋空军基地时坠毁，原因是 V 形尾翼方向升降舵中的螺栓和螺母反向安装错误所致
AV–6	2002 年 3 月 23 日首飞； 2007 年 12 月，移交给 NASA 德莱顿飞行研究中心用做科学实验
AV–7	2003 年 2 月 14 日在爱德华兹空军基地首飞； 2009 年 12 月签署协议，该机移交给 NASA 德莱顿飞行研究中心

图 1-21　飞行中的"全球鹰"AV-1 原型机

图 1-22　"全球鹰"AV-7 原型机

1.2.5　阶段Ⅳ：批量生产

事实上，原计划的阶段Ⅳ没有执行，在里程碑Ⅱ决定之后，空军使用"螺旋式开发"的方式把系统转入了工程制造发展阶段（EMD），而不是立即生产 ACTD 阶段已成形的飞机。

1.3　EMD 及小批试生产阶段

"全球鹰"在 2001 年 2 月 16 日成功通过里程碑Ⅱ，进入 EMD，共制造了 3 架原型机，最后一架于 2003 年 2 月 26 日交付。美国空军航空系统中心授予诺斯罗普·格鲁门公司综合系统分部一份价值 8400 万美元的合同，用以支持其转换到 EMD 阶段。这个阶段需要完成的主要任务包括增强用于开放式系统结构的飞行器计算机系统、改善任务计划进程以及通过飞行试验对这些改变进行验证。

在 EMD 合同中，在"全球鹰"进入小批试生产（LRIP）之前的某个时间，将会改进 AV-7 作为 Block 5 飞行器系统的原型机。"全球鹰"的系列改进之一是给其嵌入一个全球空中交通管理系统，该系统使"全球鹰"具有全球作战的能力。

2002 年 7 月，诺斯罗普·格鲁门公司获得美国空军价值 1.01 亿美元的合同，标志着"全球鹰"开始进入 LRIP 阶段。图 1-23 是"全球鹰"项目在 EMD 及 LRIP 阶段发展情况的概要。表 1-7 对"全球鹰"EMD 和 LRIP 阶段情况进行了总结。

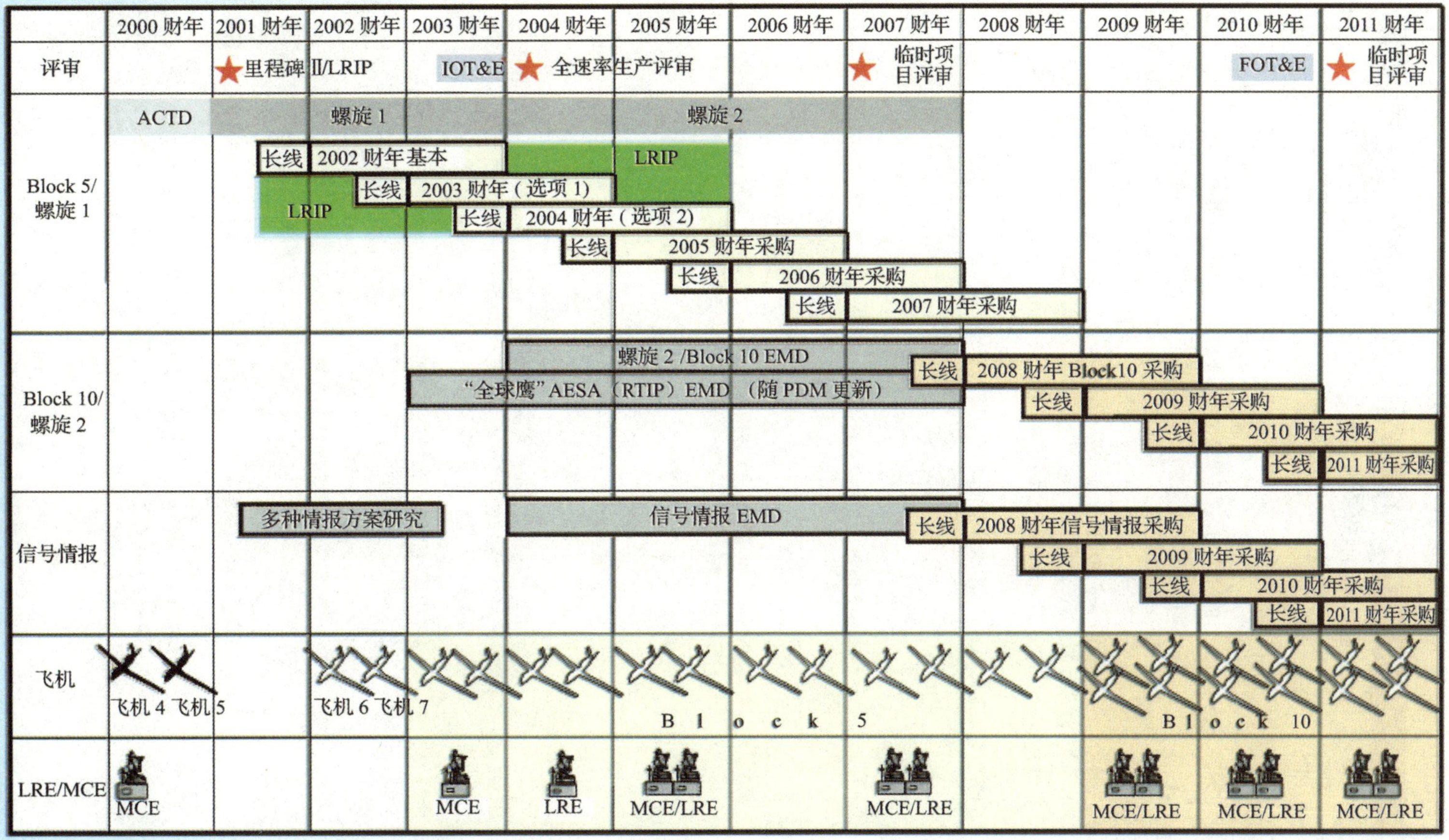

图 1—23 “全球鹰”项目 EMD 及 LRIP 阶段的发展情况

表 1-7 “全球鹰”项目 EMD 和 LRIP 阶段情况

时 间	事 件
2000 年 8 月 22 日	美国国防部批准了多平台雷达技术插入计划（MP-RTIP）。在 3.53 亿美元的基础上，国防部为其增加了 7.56 亿美元拨款，其中有 1.68 亿美元专用于“全球鹰”的传感器集成及工程与生产开发
2001 年 4 月 22 日	“全球鹰”完成了从美国到澳大利亚的越洋飞行创举，这也是无人机首次完成这样远距离的不着陆飞行，在此之前只有少数民航客机能够飞这么远； “全球鹰”5 号机参加了澳大利亚空军、美国海空军、美国海军陆战队、加拿大海军和海岸警备队联合举行的“纵列挺进 2001”军事演习，澳大利亚空军和国防科技局对“全球鹰”表示出极大的兴趣。澳大利亚计划在 2004 ~ 2005 财年花费 1.3 亿美元购买“全球鹰”
2001 年 4 月	“全球鹰”在 2001 年 4 月进行的飞行试验中，达到了 19850m 的飞行高度，并打破了喷气动力无人机续航 31.5h 的任务飞行纪录
2001 年 6 月 9 日	美国诺斯罗普·格鲁门公司综合系统分部收到了一份由美国空军提供的价值 2050 万美元的合同，将负责小批试生产 2 架“全球鹰”无人机和 1 套任务控制单元，并于 2003 年 3 月交付产品
2001 年 7 月	“全球鹰”在澳大利亚成功地进行了持续 6 周的试验，验证了该无人机执行海面侦察任务的能力。当时“全球鹰”计划正处在工程和制造阶段
2001 年 11 月	美军向阿富汗地区派遣“全球鹰”无人机和 E-8 飞机
2001 年 12 月 31 日	位于佛罗里达州坦帕的美国中央司令部 31 日宣布，美军一架“全球鹰”无人侦察机在阿富汗执行例行侦察任务后返回基地途中坠毁
2002 年 2 月 6 日	诺斯罗普·格鲁门公司获得美国空军价值 1.01 亿美元的合同，开始小批试生产“全球鹰”高空长航时侦察无人机系统
2002 年 2 月 21 日	美国空军计划 2003 年在诺斯罗普·格鲁门公司“全球鹰”无人机上实施 TRW 高波段子系统（HBSS）信号情报（SIGINT）有效载荷的验证工作
2002 年 4 月 2 日	诺斯罗普·格鲁门公司获两项“全球鹰”合同，其总额近 3 亿美元，旨在全面提高该无人侦察系统性能。一项为 2.47 亿美元，另一项为 5280 万美元，将增加“全球鹰”无人机的重量和功率，以期提高其监视能力
2002 年 6 月 27 日	海岸警卫队计划租用“全球鹰”传感器数据作为综合深水系统项目的一部分
2002 年 7 月 4 日	“全球鹰”无人机计划加装由英国 BAE 系统公司研制的高宽带通信情报（COMINT）系统，这将是“全球鹰”无人机上第一个过渡型 SIGINT 系统
2002 年 9 月	诺斯罗普·格鲁门公司决定为“全球鹰”制造“增强”型机翼，旨在提高无人机的载重和耐久性，这些机翼要比目前的大 10%。目标是提高“全球鹰”的性能，达到携带 1360kg 有效载荷升到 18288m 高空，并维持其原有航程和耐航飞行要求
2002 年 9 月 16 日	诺斯罗普·格鲁门公司的集成系统分部已经将一份制造“全球鹰”无人侦察系统加强翼的子合同授予沃特飞机工业公司和 ATK 公司。加强翼是诺斯罗普·格鲁门公司为配合更大的有效载荷并维持现有平台性能指标而进行大量改进的结构件之一

续表 1-7

时　　间	事　　件
2002 年 9 月 23 日	**据诺斯罗普·格鲁门公司副总裁保罗·梅耶对外界表示，他们已经与美国海军达成协议，从 2005 年起，“全球鹰”无人机将在美国海军服役，很可能以 P-3 预警机的辅助飞行器的形式出现**
2002 年 12 月 20 日	**欧洲航空防务与空间公司（EADS）21 日宣布，11 月在美国空军“全球鹰”无人机上首次成功演示了该公司的电子情报（ELINT）有效载荷**
2003 年 1 月 13 日	**据高级采办官员称，2002 年 12 月签署的一份采购决定备忘录批准了“全球鹰”今后两年的生产螺旋式上升，并批准了美国空军的 7 年采购计划**
2003 年 2 月	诺斯罗普·格鲁门公司综合系统分部向美国空军交付了第七架“全球鹰”。按照“全球鹰”计划的 ACTD 阶段要求，这是计划交付的最后一架飞机。这架无人机将继续在爱德华兹空军基地进行一系列检测飞行。诺斯罗普·格鲁门公司计划该年晚些时候交付首批 2 架生产型飞机
2003 年 2 月 12 日	诺斯罗普·格鲁门公司获得一份价值 3.07 亿美元的合同，将为美国空军和海军提供“全球鹰”无人机。所有工作将于 2005 年 8 月之前完成
2003 年 2 月 13 日	诺斯罗普·格鲁门公司综合系统部已获得一项合同，为海军“全球鹰”海上演示验证（GHMD）计划改装和备制 2 架“全球鹰”。虽然，该项合同的详细内容尚未最后确定，但到 2006 年所要求的工作将使 GHMD 计划的总额达到 1.852 亿美元
2003 年 6 月 24 日	柯蒂斯·莱特公司 VISTA 控制器分公司与诺斯罗普·格鲁门公司综合系统分部签订了 400 万美元的合同，为“全球鹰”无人侦察系统研制传感器管理装置
2003 年 7 月	美国国防部开始计划为“全球鹰”加装武器系统，这标志着国防部的无人机政策发生转变。美国空军对此决定表示异议，空军指出有些国家反对武装无人机飞进其领空，这将削弱武装无人机的使用灵活性
2003 年 7 月 1 日	美国空军授予诺斯罗普·格鲁门公司一份总额 3010 万美元的合同，为 4 架新“全球鹰”无人机和一个新地面控制站提供长采购周期项目
2003 年 8 月 6 日	诺斯罗普·格鲁门公司综合系统分部完成了首架生产型 RQ-4A“全球鹰”的制造。该机在完成最后一系列系统测试后，在当月底进行首次试飞
2003 年 8 月 18 日	“全球鹰”于 8 月 18 日获得美国联邦航空管理局的表面层飞行许可证，可在美国本土的任一高度的空中飞行
2003 年 9 月	诺斯罗普·格鲁门公司已开始研制和生产新型、能力更强的改型 RQ-4B。这项研制是应美国空军最近授予的总额 3000 万美元的先期采购和长周期硬件合同而进行的
2003 年 10 月	一架 RQ-4A“全球鹰”无人机降落在德国海军的诺德霍尔兹空军基地。在接下来为期 3 周的时间里，EADS 测试团队、诺斯罗普·格鲁门公司和空军将对装备了电子情报传感器的无人机进行数次飞行测试，目的是验证使用无人机进行高空长航时广域监视任务的技术可行性

续表 1-7

时　间	事　件
2004 年 4 月	美国空军的 RQ-4A“全球鹰”高空长航时无人侦察平台的作战飞行时间达到并超过了 2000h。达到 2000h 这一瞬间，“全球鹰”正飞行在空中支援全球反恐斗争，这是该项目所取得的一个重要的里程碑。自 1998 年 2 月“全球鹰”首飞以来，其累计飞行时间已经超过了 4000h
2004 年 10 月 6 日	第一架用于美国海军 GHMD 计划的 RQ-4A“全球鹰”无人机于 10 月 6 日从加利福尼亚州的帕姆戴尔飞到了爱德华兹空军基地，完成首次飞行。第二架 GHMD 无人机预计在 2005 年初试飞。美国空军第 12 侦察机中队接收了第一架 RQ-4A，成为正式装备“全球鹰”无人机的第一个美国空军中队
2005 年 1 月	雷神公司已经签订一份低价研制 3 套“全球鹰”改进型综合传感器系统（ISS）的合同。这种具有合成孔径雷达和光纤传感器双重功能的增强型综合传感器系统（EISS）将比原有的综合传感器系统的性能提高 50%
2005 年 3 月	诺斯罗普·格鲁门公司、Tenix 防务公司和萨伯系统公司宣布，它们将组队开发一种澳大利亚用地面系统，与“全球鹰”高空长航时无人机相综合
2005 年 3 月 7 日	五角大楼计划召开高层委员会会议对美国空军“全球鹰”无人机计划进行“现状评审”。空军 3 月 7 日说，这一次评审正式称为“中期计划评审”，预计该国防采办委员会不会做出里程碑决定
2005 年 8 月	“全球鹰”的飞行试验工作结束，这使得最新型“全球鹰”向投入实战又迈进了一步
2005 年 9 月	据驻扎在夏威夷希卡姆空军基地的美国太平洋地区空军司令赫斯特称，美国空军计划将“全球鹰”部署到整个太平洋地区。美军计划将其首先部署到关岛地区，然后再寻求将其部署到澳大利亚、日本和韩国等其他盟国
2005 年 10 月	在加利福尼亚州诺斯罗普·格鲁门公司试飞场，诺斯罗普·格鲁门公司与美国海军、空军联合举行了海军改进型 RQ-4A“全球鹰”无人机的首次海上试飞。试飞的目的是为即将在 2005 年装备海军的 2 架“全球鹰”进行技术测试和基本检测。试飞取得了成功，预示着美国的“广域海上监视早期作战能力”项目有了进一步发展
2005 年 10 月 15 日	美国国防部批准了美国空军与诺斯罗普·格鲁门公司 2.077 亿美元的补充合同，再生产 4 架“全球鹰”无人机，并于 2005 年 10 月交付
2005 年 12 月	“全球鹰”首次参加了美国海军的军事演习。该演习代号“三叉戟勇士 2005”。同时，雷神公司获得一份新合同，为诺斯罗普·格鲁门公司的“全球鹰”项目生产地面设备
2006 年 1 月	诺斯罗普·格鲁门公司宣布，“全球鹰”无人机已达到 5000 战斗飞行小时里程碑
2006 年 3 月 31 日	美国古德里奇公司交付为诺斯罗普·格鲁门公司 RQ-4B 生产的电刹车系统
2006 年 5 月	美国空军第 452 飞行试验中队 5 月 3 日在加利福尼亚州爱德华兹空军基地成功进行了“全球鹰”无人机的湿跑道滑跑试验。这是无人机首次进行湿跑道试验，此次试验的目的是收集湿跑道情况下的刹车性能数据，并与已有干跑道数据对比，做出评估

续表 1-7

时　　间	事　　件
2006 年 6 月	“全球鹰”无人机完成了 10000 飞行小时，其中战斗飞行时间占全部飞行时间的比率上升到 63%
2006 年 6 月 6 日	由于诺斯罗普·格鲁门公司“全球鹰”项目被报道采办成本上涨超过 25%，五角大楼昨天宣称对该无人系统项目实施调整。据五角大楼称，在第 20/30 批初始作战试验和评估成功完成前，该机生产将限制为每年不多于 5 架的 LRIP 飞机
2006 年 6 月 29 日	美国空军称，一架 RQ-4 已于本月抵达加利福尼亚州爱德华兹空军基地进行交付前检测
2006 年 7 月	诺斯罗普·格鲁门公司在本届范堡罗航展上首次公布了 RQ-4 的一个未来作战构想：探测并跟踪弹道导弹，执行弹道导弹防御（BMD）任务； 诺斯罗普·格鲁门公司从美国空军获得一份 9000 万美元的合同，要求在 2009 年 9 月前研制一种新型的 MP-RTIP 机载监视雷达并综合在“全球鹰”系统上（包括飞行平台和地面控制站）
2006 年 7 月 13 日	美国诺斯罗普·格鲁门公司位于密西西比州摩斯岬的无人系统中心已开始装配其首架（是诺斯罗普·格鲁门的第 17 架）“全球鹰”无人机的机身
2006 年 8 月 16 日	在多国参加的 2006“环太平洋”军事演习中，诺斯罗普·格鲁门公司生产的 RQ-4“全球鹰”无人机成功完成了 4 次海上监视飞行任务，演示了系统能力，包括识别海岸上或近海环境内的目标，大范围海上搜索、跟踪和目标识别
2006 年 8 月 25 日	诺斯罗普·格鲁门公司的升级型“全球鹰”B 无人机按计划下线
2006 年 9 月 19 日	美国空军与罗·罗公司谈判，欲发展其 AE3007H 涡扇发动机，以便为诺斯罗普·格鲁门公司 RQ-4B 的后期批生产型提供更大的推力
2006 年 10 月 9 日	诺斯罗普·格鲁门公司在成功完成了对其先进 MP-RTIP 监视雷达在“希腊海神”飞机上首次校验飞行之后，将开始在“全球鹰”上试飞
2006 年 11 月	“全球鹰”Block 10 无人机完成作战评估试验后，美国空军第九侦察联队首次开始使用 RQ-4 执行常规训练任务
2006 年 12 月 23 日	美国海军 2 架 RQ-4A GHMD 无人机中的第二架，从加利福尼亚州爱德华兹空军基地经过 11.1h 飞行到达帕塔克森特河海军航空站。在爱德华兹空军基地期间这架无人机进行了验收试验以及支持海军最近在夏威夷上空的验证项目
2007 年 2 月 13 日	美国空军希望恢复“全球鹰”无人机在加利福尼亚州比利空军基地的飞行，这距离 2006 年 11 月一次飞行中该机发生失去通信联系事故并致使“全球鹰”在该基地停飞有近 3 个月的时间
2007 年 3 月	美国空军授予诺斯罗普·格鲁门公司一份 2.87 亿美元的合同，发展第五批次 RQ-4“全球鹰”，包括 5 架飞机、1 套任务控制单元、1 套发射与回收单元、4 套增强型综合传感器系统和持续后勤保障
	首架 RQ-4 Block 20 成功完成首飞。该机是美国迄今为止制造的第 17 架“全球鹰”，具有多项新特征和先进能力，包括 4.57m 的翼展、重新设计和加强的机身、1360kg 的内部载荷能力等。完成一系列的作战试验与鉴定（IOT&E）后，该机将交付美国空军第九侦察联队

续表 1-7

时　间	事　件
2007 年 3 月 28 日	诺斯罗普·格鲁门公司在其位于密西西比州的无人系统中心制造厂庆祝 Block 30 首架 RQ-4 中机身按时交付。这是“全球鹰”项目的一个重要里程碑，标志着首架 Block 30 飞机的制造和装配进展情况，该机计划于年末交付给美国空军
2007 年 5 月 18 日	美国空军在现有合同的基础上同诺斯罗普·格鲁门公司综合系统分部续签总额 3.714 美元的合同，增购 5 架“全球鹰”无人机、3 套任务控制单元、3 套发射与回收单元和其他有关设备。为开展这项工作，已有 1.857 亿美元资金到位，全部工作将于 2010 年 3 月结束
2007 年 8 月	美国空军提出了一种新方法来控制“全球鹰”无人机的温度。由于西南亚地区的极度高温，该机的效能有所降低
2007 年 12 月	NASA 位于加利福尼亚州的德莱顿飞行研究中心终于收到了它的 2 架“全球鹰”无人机，这些飞机将于 2009 年在这里开始实施该局科学理事会的任务
2008 年 2 月	一架由美国加利福尼亚州爱德华兹空军基地飞出的“全球鹰”无人侦察机，创造了一项新的续航纪录，它连续飞行超过了 33h，打破了 2001 年创造的 30h24min 纪录
2008 年 6 月 30 日	诺斯罗普·格鲁门公司新改装的 Block 20 RQ-4 完成美国空军驻加利福尼亚州比利空军基地第九侦察联队的交付。同时公司表示还将生产 Block 30/40“全球鹰”无人机，计划于 2011 年列装使用
2009 年 6 月	美国空军对将要装备到 RQ-4 的新雷达进行超过 1000h 的飞行试验。试飞使用的是诺斯罗普·格鲁门公司的“希腊海神”飞机，该机搭载了一套先进的电子扫描阵列雷达系统，能搜索和跟踪地面与空中目标
2009 年 6 月 26 日	由诺斯罗普·格鲁门公司和美国空军联合推出的新一代无人机 RQ-4 Block 40 型揭开了神秘面纱。Block 40 型“全球鹰”安装了全天候雷达传感器，计划于 2010 年服役，派遣到位于北达科他州的大福克斯空军基地
2009 年 11 月 6 日	Block 40 第一架 RQ-4 成功首飞。该机编号 AF-18，从诺斯罗普·格鲁门加利福尼亚州帕姆戴尔的制造厂飞到了爱德华兹空军基地，用时近 2h
2009 年 11 月 20 日	美国空军授予诺斯罗普·格鲁门公司价值 3.029 亿美元刺激资金的合同，用于采购 5 架 RQ-4“全球鹰”，该合同将于 2011 年前完成
2009 年 12 月 14 日	诺斯罗普·格鲁门公司宣布，美国空军已承认 RQ-4 无人飞行器系统通过了军用适航认证（AWC），这是该飞行器研制过程的一个重要里程碑，并且也是其成为美国常规无人飞行器的重要一步； 根据最近签订的一份协议，NASA 德莱顿飞行研究中心将从美国空军再获得一架诺斯罗普·格鲁门公司的“全球鹰”无人机（之前已获得过 2 架，这是第三架），编号 UAV-7，是最后一架在 ACTD 计划初期首批生产并试飞的飞机
2010 年 3 月 8 日	RQ-4“全球鹰”无人机首次完成飞越加拿大空域的作战任务，取得了又一项历史性跨越
2010 年 4 月 11 日	“全球鹰”无人机系统成功完成了首次飞越太平洋的科学飞行
2010 年 6 月 22 日	位于马萨诸塞州汉斯科姆美国空军基地的项目开发团队交付一套 MP-RTIP 雷达，准备集成到“全球鹰”Block 40 无人机上

续表 1–7

时 间	事 件
2010 年 6 月 23 日	诺斯罗普·格鲁门公司的 RQ–4 凭借在作战、执行支持人道主义救援和观测地球气候变化问题等任务中的优异性能，以及在测试和评估中的良好表现，成功通过美国国防部办公室国防采办委员会（DAB）的评审
2010 年 6 月 29 日	诺斯罗普·格鲁门公司完成了首架“欧洲鹰”无人机的首次飞行，拉开了长达 6 个月的飞行试验序幕，年底该无人机将交给德国。首飞在加利福尼亚州爱德华兹空军基地进行，飞行了近 2h
2010 年 7 月	诺斯罗普·格鲁门公司将利用 2 架 Block 10“全球鹰”演示空中加油，这 2 架无人机目前由诺斯罗普·格鲁门公司与 NASA 共同使用
2010 年 7 月 21 日	诺斯罗普·格鲁门公司首批 Block 40“全球鹰”高空长航时无人机系统成功完成主要的飞行测试里程碑。在此之前不久，诺斯罗普·格鲁门公司与美国军方达成一项协议，为“全球鹰”增加空中加油和编队能力。据美国 DARPA 宣布，授予诺斯罗普·格鲁门公司 3300 万美元的合同，启动代号为“KQ–X”的“全球鹰”无人侦察机之间的空中加油项目
2010 年 8 月 6 日	美国国防部长办公室（OSD）开始了“全球鹰”无人机项目的“纳恩—麦克迪”评估阶段的工作
2010 年秋	“全球鹰”进入初始作战使用测试和评估
2011 年 2 月	美国空军一度计划停止向“全球鹰”项目提供资金，将裁减或终止 Block 40“全球鹰”。
2011 年 7 月	美国空军决定继续执行耗资 120 亿美元的“全球鹰”计划，打算用“全球鹰”全面取代 U–2 侦察机。
2011 年 10 月	德国空军展示了首架“欧洲鹰”。

1.4 应用前景与发展趋势

“全球鹰”无人机是长航时无人机的代表机型，由于其具有良好的自主飞行、全天候监视侦察、高精度实时传输与广域海上监视能力，而逐渐受到各国的广泛关注，该无人机在阿富汗战争、伊拉克战争以及科学大气探测活动中都扮演了重要的角色。

1.4.1 在低威胁强度下完成军事侦察任务

“全球鹰”无人机在低威胁强度下具有很强的任务生存力，能够长时间执行对地侦察和监视任务，其侦察活动半径达 5560km。在 2001 年 11 月 ~ 2002 年 9 月进行的阿富汗战争期间，共派出 3 架 ACTD 型“全球鹰”执行任务，分别是 AV–3、AV–4 和 AV–5。它们共执行了 50 多次作战任务，累计飞行

1000h，提供了15000多张敌军目标情报、监视与侦察图像照片，还为低空飞行的“捕食者”无人机指示目标。

在2003年3～5月的伊拉克战争期间，为了减少人员伤亡和飞机损失，美军使用了“全球鹰”进行全天候侦察。美军派出AV−3和AV−6（实际只使用了AV−3）就担负起了452次情报、监视与侦察任务，提供图像4800幅。

1.4.2 取代有人驾驶侦察系统

由于“全球鹰”无人机在局部战争中发挥了巨大作用，因此，美国十分重视该型无人机的研制与改进。美国空军决定2011年前采购66架“全球鹰”无人机，2005年前先采购8架。阿富汗战争后，美国加快了“全球鹰”的研制步伐。美国空军已为“全球鹰”确定了一系列的发展计划，目标是要达到与U−2侦察机同等水平，一旦获得成功，五角大楼将用最新的无人机系统取代传统的有人驾驶侦察系统。美国空军参谋长莱思将军曾说：“我本人认为，U−2飞机的时代终将被‘全球鹰’所取代。”

2011年3月11日，日本发生地震后的当天，美国空军就派遣了一架“全球鹰”从关岛出发收集日本核电站的高清图像，并查看被损坏的核反应堆冷却池。这是“全球鹰”第一次协助核危机灾难勘查。

1.4.3 应用于科研——大气科学探测

“全球鹰”能在20000m高空飞行30h以上，机上搭载有专门的仪器，既可用于远程遥测，亦可原地探测，可以在任何时候获取数据，完成各种“难以置信的工作”，包括完成卫星或者其他飞行器不能完成的任务，例如空气采样（无人机把空气吸入瓶子当中），以便科学家们分析气体样本。“全球鹰”可以在臭氧被主要破坏的平流层待上几十小时收集气体样本，同样环境下有人驾驶的ER−2只能够进入低一点的平流层，而且它的航程不及“全球鹰”，不能在空中长时间停留。

由于具有其他飞行器所不具有的优势，“全球鹰”无人机从2009年3月起开始在太平洋海域执行6项科考任务。据称，这将是此种无人侦察机首次执行非军事任务。这批“全球鹰”全部来自诺斯罗普·格鲁门公司，2007年9月由军方移交给NASA。由于美军装备了更新型的无人机，所以这些老型号的“全球鹰”就交给科研部门执行科考任务。

2010年3月底，“全球鹰”无人机再次为了科研而起飞，由北洛杉矶美国NASA德莱顿飞行研究中心的宇航员指导监控，这架无人机将测量夏威夷上空15000m高度的臭氧、悬浮颗粒和多种多样的示踪气体。同时，大气物理学家也希望这架无人机能进入有人驾驶飞机无法到达的区域。之前，无人机从未列入科研用机的考虑范围内，因为与有人驾驶飞机相比，它们的负载量太小了。不过“全球鹰”比其他几架原型机体积更大、性能更强，最大载重900kg，飞行高度接近20000m，最远航程可达26000多千米。

1.4.4 “全球鹰”各批次情况及其各种改型

“全球鹰”Block 10的构型携带有图像情报（IMINT）传感器（包括合成孔径雷达、电子光学和中波红外线传感器），Block 20的版本包括了增强型一体化传感器设备，类似于Block 10，但是观测范围更大，清晰度也更高。Block 30既携带了Block 20的图像传感器，又有先进信号情报载荷。最新型别的Block 40则携带了MP-RTIP有源电子扫描阵列雷达。“全球鹰”的各种改型如下。

（1）RQ-4B“全球鹰”无人机

RQ-4B（见图1-24）是现有RQ-4A的升级型。RQ-4B“全球鹰”的翼展为39.9m，而RQ-4A的翼展为35.4m（见图1-25）；载荷由RQ-4A的900kg提高到1350kg；续航时间增长，可自主控制，飞行高度

图1-24 RQ-4B型“全球鹰”无人机

第一章 项目概述

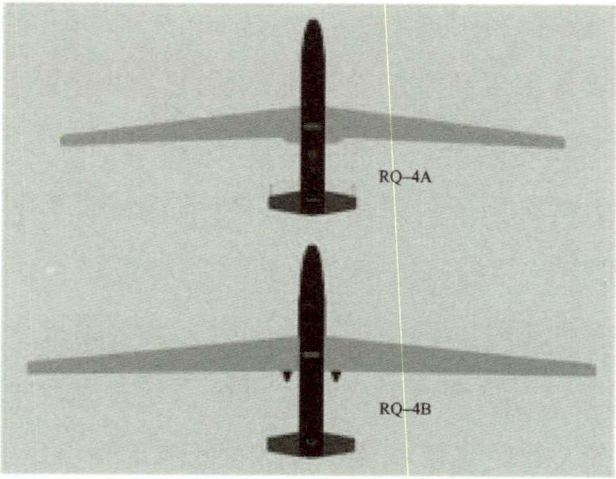

图 1-25　RQ-4A 与 RQ-4B 比较图

可达 18000m。新型 RQ-4B 的有效载荷为 3000lb①，比目前使用的 RQ-4A 增加了 50%，增加的载荷可以使无人机能够携带更多的情报传感器，其开放系统体系结构允许携带多种负载，除携带电子情报载荷外，还可携带 MP-RTIP 载荷，技术水平比 RQ-4A 有了很大提高。另外 RQ-4B 还换装了全新的机载发电机，同时对其装备的 AE3007 型发动机进行了改进，该机的电能输出将增加 150%，这也使其能够携带更多任务系统，同时任务续航能力更强，它将能执行侦察、空中监视和监控、早期预警和空中指挥等多种任务。

（2）RQ-4N 海军型“全球鹰”无人机

2003 年 2 月 7 日，诺斯罗普·格鲁门公司从美国海军接手了一宗总金额为 1.85 亿美元的合同，为美国海军改装 2 架“全球鹰”无人侦察机，编号 RQ-4N（见图 1-26）。2004 年，海军型“全球鹰”无人机完成初步设计，2008 年系统进入初始作战阶段。这也预示着诺斯罗普·格鲁门公司的“全球鹰”无人机将进入海上领域。它将为美国海军提供海上情报、监视与侦察能力以保护舰队，以及探测、跟踪、区分、识别海上和濒海目标的能力。

RQ-4N 配备了主动电子扫描环视雷达多功能主动传感器（MFAS）。雷

图 1-26　RQ-4N 型“全球鹰”无人机

① 1lb=0.454kg。

达安置在整流罩内，能跟踪和识别水面目标。L-3 通信公司研制了通信系统，而雷神公司研制了飞行控制系统和光电／红外传感器。另外还计划为该型无人机安装防鸟撞和防结冰系统。

（3）“欧洲鹰”

德国国防部和美国空军在 RQ-4B“全球鹰”无人机的基础上研制了供德国使用的“全球鹰”派生型——“欧洲鹰”（见图 1-27）。“欧洲鹰”于 2003 年 10 月抵达德国，在德国北海空域进行电子情报飞行任务，旨在鉴定该无人机能否满足德国对大面积侦察监视的要求。如果试验取得成功，“欧洲鹰”将取代目前德国海军用于执行信号情报任务的 18 架“大西洋”信号情报飞机。“欧洲鹰”还将作为意大利、西班牙、法国、德国、荷兰 5 国共同研制的“防区外监视和目标捕获雷达”的平台之一。2010 年 6 月 29 日，首架“欧洲鹰”无人机完成了首次飞行，并拉开了长达 6 个月的飞行试验序幕，当年底该无人机将交给德国。

“欧洲鹰”是美国空军“全球鹰”Block 20 的最新改型，改装的内容包括增加机翼外挂物和腹鳍，以满足德国的需求，“欧洲鹰”配备的信号情报任务系统可探测各种电子及通信发射源，德国要用它作为信号情报飞机来替换其海军过时的 ATL-1“大西洋”。德国军方计划在数年内购买 4 架“欧洲鹰”，预计 2016 ~ 2017 年完成交付。

图 1-27 “欧洲鹰”在诺斯罗普·格鲁门公司的帕姆戴尔制造厂成功首飞

1.5 研制承包商

“全球鹰”项目的主要承包商团队组成如图 1-28 所示，其具体情况见表 1-8。

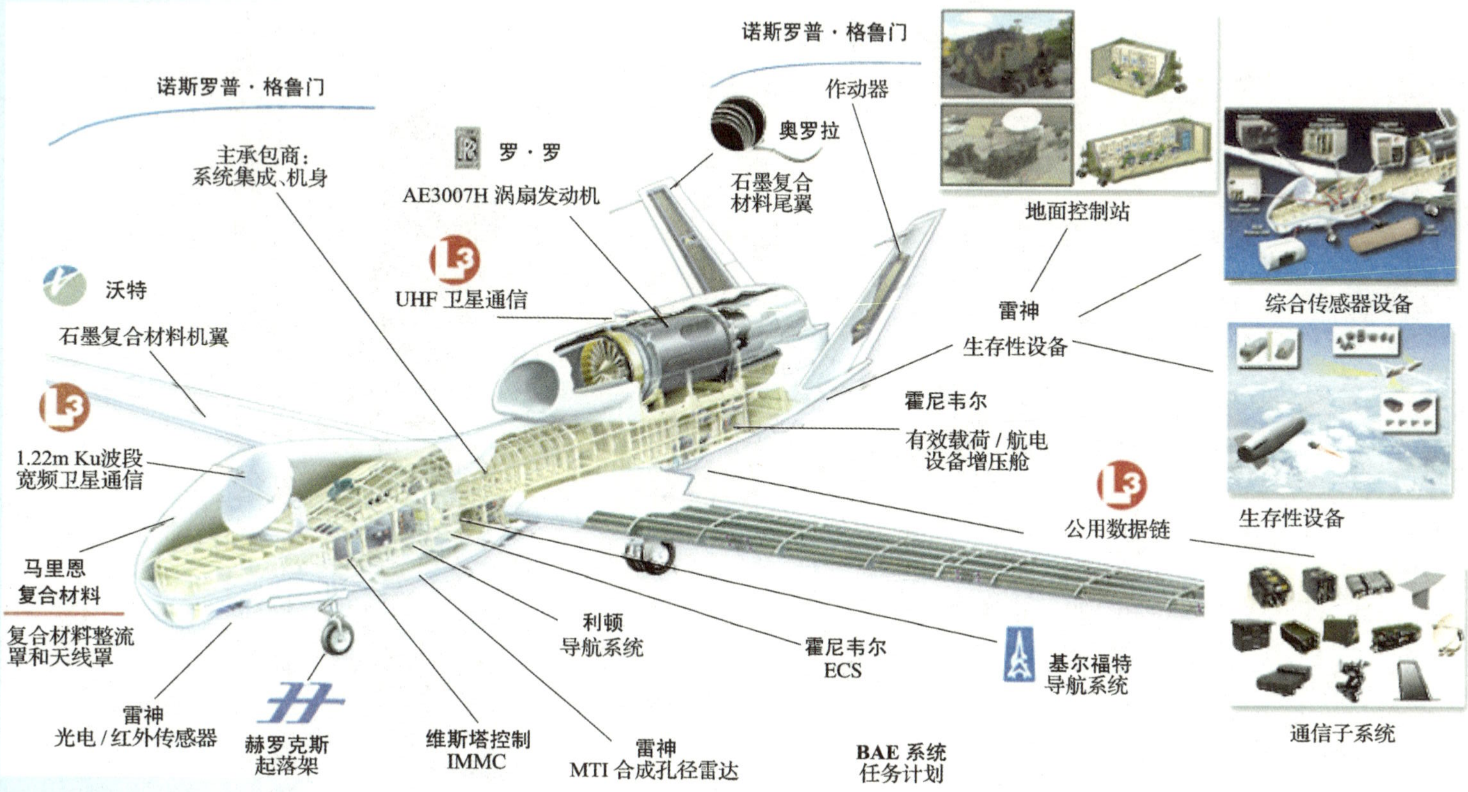

图 1—28 “全球鹰”项目主要承包商团队

表 1-8 “全球鹰”项目主要承包商

承包商	负责的内容
系统综合	
诺斯罗普·格鲁门公司（Northrop Grumman）	主承包商，负责系统集成、机身机构和作动器
诺斯罗普·格鲁门公司组建于 1994 年，由诺斯罗普公司收购格鲁门公司后组成，是美国主要的航空航天飞行器制造厂商之一，也是世界上最大的雷达承包商和最大的海军船只承包商。其军工代表产品主要有：B-2 隐身轰炸机，E-2/8/10 预警机，EA-6 电子战机，KC-30 加油机，X-47 无人机，“全球鹰”无人机等；F-16 和 F-22 飞机火控雷达，AH-64D“长弓阿帕奇”直升机火控雷达和海尔法导弹；“尼米兹”级航空母舰，CVN21 未来航空母舰，“朱姆沃尔特”级驱逐舰，“弗吉尼亚”级核潜艇，“大黄蜂”级两栖突击舰等	
机身 / 机身部件	
奥罗拉飞行科学公司（Aurora Flight Sciences Corporation ）	石墨复合材料尾翼
奥罗拉飞行科学公司（又名极光飞行科学公司）位于美国西弗吉尼亚州，是世界级航空复合材料和金属材料承包商，该公司在无人机技术研究、国土安全方面处于领先地位。公司在西弗吉尼亚州和密西西比州设有工厂，在马萨诸塞州设有研发中心	
胜利航空结构 - 沃特飞机分部（Triumph Aerostructures - Vought Aircraft Division）	碳纤维机翼
胜利航空结构 - 沃特飞机分部前身是沃特飞机公司，成立于 1917 年，在第二次世界大战时期生产了数以千计的各型飞机。20 世纪 90 年代初改名为沃特飞机工业公司，2010 年 6 月被胜利集团（TGI）收购。沃特飞机分部是全球领先的飞机结构承包商，产品包括机身、机翼、尾翼、发动机舱和直升机机舱等。该分部参与过的军机项目包括：C-17“环球霸王”Ⅲ运输机、“黑鹰”直升机、V-22“鱼鹰”倾转旋翼飞机、RQ-4“全球鹰”等	
机身 / 着陆装置	
奎恩航宇公司 Hydro-Aire 分公司（Crane Aero-space/ Hydro-Aire Inc.）	防滑 / 刹车控制系统
奎恩航宇公司为航空航天和国防市场提供关键系统和部件，产品广泛应用于发动机、起落架、卫星、导弹、无人机等领域。Hydro-Aire 分公司成立于 1943 年，1946 年从为波音 B-47 开发 Hytrol Mark Ⅰ防滑系统开始进入防滑工业领域。此后公司不断设计和开发更精确、更耐用的高性能产品，其刹车控制系统已广泛应用于商业和军事航空领域	
古德里奇机轮刹车公司（Goodrich Aircraft Wheels & Brakes）	机轮，碳素刹车片
古德里奇机轮刹车公司为全球 200 多个项目设计、制造、测试并提供飞机机轮和刹车系统配件。产品特征表现为使用液压和电力驱动刹车并采用钢或碳摩擦材料。公司有超过 65 年的服务历史，生产的机轮和刹车系统累计已应用于 2 万多架飞机	
赫罗克斯·德威泰克公司（Heroux Devtek）	前轮，主起落装置

续表 1-8

承包商	负责的内容
赫罗克斯·德威泰克公司创建于 1942 年，总部在加拿大魁北克省朗基尔，最初专为加拿大航空和军事工业加工零件，现成长为世界第三大起落架和机身结构部件供应商。该公司为航空航天业的民用和军用客户供应起落架（包括相关零件与服务）和机身结构部件，同时还向发电行业供应工业涡轮机部件（包括风力涡轮机）。该公司曾为首次将人类送上月球的阿波罗登月舱制造起落架	
航空电子 / 机载通信	
L-3 通信系统公司（L-3 Communications Systems）	公用数据链、宽频卫星通信、超高频（UHF，Ultra High Frequency）卫星通信
L-3 通信系统公司总部位于纽约市，是情报、监视与侦察，保密通信，政府服务，训练及模拟飞机的主要提供商，同时也是各种高科技产品的供应商。其客户主要包括国防部、国土安全部、一些美国政府智能机构以及航空宇宙系统的主要承包商	
航空电子 / 导航系统	
基尔福特制导和导航公司（Kearfott Guidance & Navigation Corporation）	导航系统（用于无人机导航）
基尔福特制导和导航公司成立于 1917 年，在发展过程中，其电子分部并入 BAE 系统公司，制导和导航分部并入美国宇航公司。该公司为“全球鹰”提供采用整体环形激光陀螺技术的 KN-4072 和 KN-4074 惯性导航系统（INS）。该公司还为潘兴Ⅱ（Pershing Ⅱ）导弹提供 INS，参与的其他军事项目尚未解密。公司于 2008 年更名为基尔福特公司，表明其业务范围不再局限于制导和导航	
利顿公司（Litton Corporation）	导航系统（用于综合传感器组件）
利顿公司成立于 1953 年，主要研制、生产、销售和维修航空航天、电子工业、信息技术、船舶与车辆工业等领域的产品，2002 年被诺斯罗普·格鲁门公司兼并。主要产品包括：RF-4C 和 E-2 预警机用电子监测系统、B-52 轰炸机电子对抗系统、巡航导弹 INS 等；微波放大器、监视和侦察接收机和抗干扰发射机、实用技术高级计算机（ATAC）1750A 航天处理器、RISC 基航天处理器等。该公司为“全球鹰”提供 LN-100GPS/INS 导航系统	
航空电子 / 飞行和数据管理	
维斯塔控制公司（Vista Controls Corporation）	先进任务管理系统
维斯塔控制公司位于美国加利福尼亚州，专注于开发和生产基于欧洲通用模块①（VME）的产品与系统，包括 VME 单板计算机、嵌入式控制器、飞行控制导航系统、数字通信板等，广泛应用于国防和航空领域。所有产品可用于飞行控制导航、武器控制和 C^3I 系统。2001 年，该公司被柯蒂斯-莱特控制公司（Curtiss-Wright Controls Inc.）收购	
航空电子 / 图像和视觉系统	
雷神航天和机载系统公司（Raytheon，Space and Airborne Systems）	生存性设备、活动目标显示（MTI）合成孔径雷达以及光电 / 红外传感器

①由摩托罗拉公司 1981 年推出的第一代 32 位工业开放标准总线。

续表 1-8

承包商	负责的内容
雷神公司成立于 1922 年，是美国国防部主要武器供应商之一，主要提供：导弹系统、雷达系统、潜艇声呐系统、战斗机、无人侦察机等，其导弹技术和雷达技术代表当今世界最高水平。其中导弹产品包括著名的“标准”Ⅲ型拦截导弹、“海麻雀”防空导弹、AIM-9“响尾蛇”导弹、MIM-104“爱国者”导弹等，并在进一步开发下一代定向能激光武器；雷达系统主要有 F/A-18 使用的 APG-65、APG-73 和 APG-79 雷达，F-22 使用的 AN/APG77 雷达，B-2 使用的 APQ-181 雷达，RQ-4“全球鹰”的整合感测套件等	
动力系统／电气系统	
机电技术公司（Electromech Technologies）	液压泵电动机
机电技术公司成立于 1968 年，专注于设计和制造机电设备，客户包括诺斯罗普·格鲁门公司、波音公司、霍尼韦尔公司等	
GE 航空集团电力综合系统研发中心（GE Aviation Electrical Power）	发电机、发电机控制设备
GE 电力综合系统研发中心隶属于 GE 航空集团，位于美国代顿市。中心致力于电力系统研发，包括发电、控制、分配和管理等，同时开发混合动力和电动汽车，民用和军用电力飞机等。GE 航空集团则是通用电气集团的分支，是世界领先的民用／军用喷气式飞机发动机承包商，曾为波音 767、“猎鹰”2000 喷气式飞机、C-5“银河”运输机等提供发动机	
动力系统／发动机 & 发动机部件	
罗·罗公司（Rolls-Royce Corporation）	AE3007H 涡扇发动机
罗·罗公司是欧洲最大的航空发动机公司，也是世界三大航空发动机公司之一。该公司为陆地、海洋和空中提供各种动力装置，其核心燃气涡轮技术在世界上创立了最广泛的航空发动机产品系列。该公司的军用发动机主要有：“鹞”及“海鹞”垂直／短距起降飞机上的“飞马”系列发动机；“狂风”战斗机上的 RB199 发动机；“鹰”200 多用途战斗机上的阿杜尔双轴涡扇发动机；“台风”战斗机上的 EJ200 涡扇发动机；C-130 以及 C-27 运输机上的艾利逊 AE2100 涡桨发动机；E-2C 预警机上的艾利逊 T56 涡桨发动机等	
古德里奇公司发动机部件分部（Goodrich Corporation -Engine Components）	涡轮发动机叶片、燃油喷嘴
古德里奇公司发动机部件分部为商业、军事和配件市场提供各种高精度部件。该分部是公认的全球领先的燃油喷嘴、叶片、导流片、传动轴、连接器供应商。该分部在美国、英格兰和墨西哥等地均有分支，为全球航空、国防领域的客户提供优质产品和服务	
古德里奇发动机控制系统公司（Goodrich Engine Control Systems）	全权限数字式电子控制（FADEC）系统、发动机燃油泵、油量测量设备
古德里奇发动机控制系统公司是世界领先的燃油系统提供商，可设计和制造完整的航空航天发动机控制系统。公司有 200 多个产品系列，包括从 9 万磅推力的涡扇发动机到最小的涡轮发动机以及辅助动力系统。客户包括罗·罗公司、普·惠公司等	
机电系统／环控系统	

续表 1-8

承包商	负责的内容
霍尼韦尔国际公司（Honeywell Internation Inc.）	增压电子设备舱 / 环控系统
霍尼韦尔国际公司成立于 1999 年，由原美国联信公司及霍尼韦尔公司合并而成。原美国联信公司的核心业务为航空航天、汽车和工程材料。原霍尼韦尔公司的核心业务为住宅及楼宇控制技术和工业控制以及自动化产品。霍尼韦尔下属的航空航天集团是全球领先的航空电子及机械部件供应商。产品线包括综合航空电子、导航和传感系统、飞行安全及监控系统、通信、飞行控制电子设备、发动机、辅助动力系统、环境控制系统、电源、照明、机轮与刹车以及发动机部件。霍尼韦尔航空还与中国合作，成为 ARJ21 飞机项目的合作伙伴	
机电系统 / 液压动力	
PTI 技术公司（PTI Technologies Inc.）	液压过滤器
PTI 技术公司是 ESCO 技术公司的子公司，在设计、开发、制造、销售高技术过滤元件、模块以及设备领域处于世界领先地位。该公司是波音主要的液压过滤器供应商，并且自 1978 年以来一直参与美国航天飞机项目	
西部过滤设备公司（Western Filter, a division of Donaldson Company ）	液压系统过滤设备
西部过滤设备公司位于美国加利福尼亚州，设计、制造液压油过滤器、润滑油过滤器、冷却系统等，产品广泛用于商用飞机、军用飞机、直升机、海军舰船系统等。2008 年被唐纳德过滤系统公司收购	
零部件 / 电连接器 & 电子连接器	
伊倍达电子公司（Hypertronics Corporation）	电连接器
伊倍达电子公司成立于 1970 年，是世界领先的高性能互连解决方案供应商，产品尤其适用于军工、航空航天、医疗、工业及试验测量等领域。该公司专长于精密电子连接系统的设计和生产，为客户提供全面的定制服务，包括线缆组装，快速机加工塑壳，建立电子模型及测试。标准产品包括 Arinc、圆形连接器、方形连接器、印制板连接器、机架及面板连接器，以及模组、接口连接器等	
德国光谱电气技术有限公司（Spectrum Elektrotechnik GmbH）	同轴电缆及同轴电缆连接器（“欧洲鹰”）
德国光谱电气技术有限公司成立于 1981 年，位于德国慕尼黑。在射频和微波技术方面已经成为领先承包商，产品包括连接器、适配器、电缆组件、移相器、耦合器、增益幅度均衡器等。公司产品用于许多商业领域，包括收音机、卫星和空间应用、测试中心和无线通信；也用于机载雷达、电子情报、电子战等军事领域	
零部件 / 紧固件	
AHG 公司（Ateliers De La Hte. Garonne）	实心铆钉
法国 AHG 公司是全球领先的铆钉供应商，也是结构紧固件领域（钢和钛）的供应商。空客 95% 的紧固件由 AHG 公司提供	
零部件 / 无源电子元件	

续表 1-8

<table>
<tr><th>承包商</th><th>负责的内容</th></tr>
<tr><td>定制电子公司（Custom Electronics，Inc.）</td><td>电容器</td></tr>
<tr><td colspan="2">定制电子公司成立于 1963 年，是一家专业生产电容的企业，提供标准电容和定制服务。其产品主要应用于军事、航天、航空、石油等领域的高端设备上。参与过的军机项目有 B-2、F-14、F-22 等</td></tr>
<tr><td colspan="2">零部件 / 传感器 & 探测器</td></tr>
<tr><td>Hypernetics Ltd.</td><td>机轮速度传感器</td></tr>
<tr><td colspan="2">Hypernetics 公司成立于 1972 年，位于加大拿安大略省，致力于开发和制造机电和电磁设备。产品主要包括飞机用的指示器、螺线管、控制阀、机轮速度传感器等</td></tr>
<tr><td colspan="2">零部件 / 整流罩 & 天线罩</td></tr>
<tr><td>马里恩复合材料公司（Marion Composites Corporation）</td><td>复合材料整流罩和天线罩</td></tr>
<tr><td colspan="2">马里恩复合材料公司是 ATP（Advanced Technical Products，Inc）公司的子公司，生产多种航空复合材料结构、掩体、移动医院等，同时是世界领先的高性能飞机整流罩和天线罩生厂商。该公司为 F-22 生产复合材料机身构件</td></tr>
<tr><td colspan="2">任务控制单元 & 发射回收单元</td></tr>
<tr><td>BAE 系统公司（BAE Systems）</td><td>任务计划</td></tr>
<tr><td colspan="2">BAE 系统公司是 1999 年 11 月由英国航空航天公司和马可尼电子系统公司合并而成的。2000 年，在世界 100 家最大军品公司中居第三位。BAE 系统公司具有一流的系统提供能力，在海军平台上有很成熟的技术，业务范围主要有 9 个领域：地面武器系统、航空武器系统、海上武器系统、军用电子系统、C^3I系统、导弹系统、军械系统、空间系统以及系统集成，这使公司能够在防卫系统和航天飞行器市场为国际客户提供服务。公司的发展目标是要成为基准系统、航天飞行器和防卫领域的跨国公司</td></tr>
<tr><td>SGI 公司（Silicon Graphics Inc）</td><td>路由器</td></tr>
<tr><td colspan="2">美国硅图公司（SGI）成立于 1982 年，总部设在加利福尼亚州硅谷，是业界高性能计算系统、复杂数据管理及可视化产品的重要提供商，它提供世界上最优秀的服务器系列，以及具有超级计算能力的可视化工作站。公司在电信、媒体、政府、科学技术、制造、能源等市场领域一直占据领先地位，是技术计算和可视化计算的佼佼者</td></tr>
<tr><td>移动系统公司（Mobilized Systems）</td><td>可移动方舱</td></tr>
<tr><td colspan="2">移动系统公司总部位于美国辛辛那提市，设计、制造高度专业化的拖车、掩体和环境控制系统，产品主要用于国防领域。该公司主要客户包括雷神公司、洛克希德·马丁公司和波音公司。2005 年被工程支持系统公司（Engineered Support Systems Inc.）收购</td></tr>
<tr><td>穆格公司（MOOG. Inc）</td><td>差分 GPS 设备</td></tr>
<tr><td colspan="2">穆格公司成立于 1951 年，最初从事飞机与导弹部件的设计及供应，现已成为全球设计、制造精密运动控制产品和系统的集成商。该公司的运动控制技术广泛应用于军用和商用飞机、卫星和航天器、运载火箭、导弹、工业机械、风能、海洋应用和医疗设备等领域。公司参与的军机项目包括 F/A-18E/F、F-15、V-22、F-35、X-47 等，民机项目包括波音 7 系列、空客 A400M、A380、A350XWB 等</td></tr>
</table>

1.6 研制与采购成本

1.6.1 ACTD 阶段

Tier II＋项目原计划在阶段 I（初步设计阶段）投入1200万美元，阶段II（设计、研制与试验阶段）投入 2.3 亿美元，阶段III（测试、评估与制造阶段）投入 2.7 亿美元。但实施过程中，资金投入并没有完全按原计划执行。在阶段 I，实际成本增长了 67%，原因在于项目办公室将承包商数量由原计划的 3 家增加到 5 家，按每家支付合同经费 400 万美元计算，总成本由 1200 万美元增长到 2000 万美元。阶段II 的实际成本比原始计划成本增长了 3.3%，但如果考虑到通货膨胀，两者基本相当。在阶段III，实际投入资金有较大缩水，硬件投入仅为原计划的 40%，飞行活动投入仅为原计划的 25%。表 1–9 为 Tier II ＋项目 ACTD 阶段的实际成本与计划成本对比情况。

表 1–9　Tier II +ACTD 阶段实际成本与计划成本

百万美元
（当年币值）

阶段	实际成本	计划成本	实际成本增长 /%
阶段 I	20	12	66.7
阶段 II	238	230	3.5
阶段 III	243	270	−10.0
总量	501	512	−2.1

1994 年，Tier II ＋项目计划单机出厂单价是 1000 万美元，但后来由于增加了电子传感器，“全球鹰”成本显著上升。到 1999 年，平均单机出厂价格预算升至 1530 万美元。图 1–29 所示为第 11 ～第 20 架“全球鹰”单机出厂单价预算表。而来自空军的数据显示，最终 ACTD 型“全球鹰”的成本大约达到 3700 万美元，其中机身占 1800 万美元，其余为传感器包成本。

1.6.2 EMD 及 LRIP 阶段

2001 年进入 EMD 及 LRIP 阶段后，“全球鹰”成本继续呈逐年增长趋势（见表 1–10）。

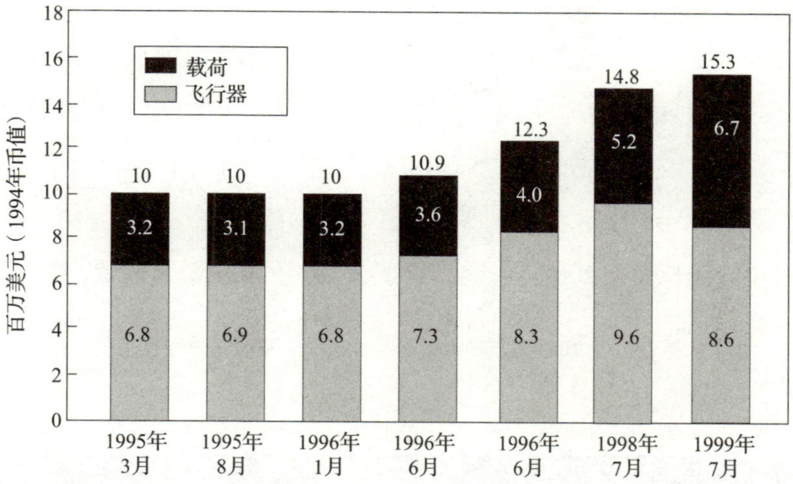

图 1—29　第 11 ～第 20 架“全球鹰”单机出厂单价预算表

图 1—29 中评估单位分别为：第一、第二、第三个柱形为特里达因·瑞安航空公司，第四个柱形为高空长航时无人机项目办公室（按 50% 可信度评估），第五个柱形为高空长航时无人机项目办公室（按 90% 可信度评估），第六个柱形为美国国防部和美国政府责任办公室，第七个柱形为特里达因·瑞安航空公司和美国政府责任办公室。

表 1—10　2001 ～ 2006 年“全球鹰”项目成本

百万美元
（当年币值）

统计时间	研发试验评估成本	采购成本	计划采购数量 / 架	总成本	平均单位采购成本	平均单位项目成本
2001 年 9 月	995	4481	63	5496	71	87
2001 年 12 月	2311	4387	51	6847	86	134
2002 年 12 月	2396	3276	51	5815	64	114
2003 年 12 月	2588	3550	51	6281	70	123
2004 年 12 月	2465	3962	51	6566	78	129
2005 年 12 月	3187	4489	54	7816	83	145
2006 年 9 月	3493	5857	54	9492	108	176
2006 年 12 月	3636	6020	54	9798	111	181

2006年美国政府责任办公室（GAO）的一份报告指出：从2001年3月到2006年1月，“全球鹰”的研制成本从9.252亿美元增加到24.59亿美元，增长了166%，主要是因为在项目中加入了对RQ-4B的需求；“全球鹰”总项目成本从47.61亿美元增加到66.56亿美元，增长了40%；每架飞机的单位采购成本从7560万美元增加到1.30亿美元，增长了73%。表1-11反映了GAO统计的2001年与2006年“全球鹰”项目成本和采购数量的对比情况。

表1-11　2001年与2006年“全球鹰”项目成本和数量

百万美元
（2006年币值）

	2001年3月	2006年1月	变化	变化率/%
成本				
研制	925.2	2459.1	1533.9	166
采购	3836.2	4197.5	361.3	9
总项目	4761.4	6656.6	1895.2	40
数量				
飞机/架	63	51	−12	−19
地面控制站/套	14	10	−4	−29
单位成本				
总项目	75.6	130.5	54.9	73
仅采购	60.9	82.3	21.4	35

注：采购成本包括飞机、地面控制站、保障设备、备用设备的成本，不包括军事结构成本。

GAO评价指出，增加开发成本意味着制造数量比原计划减少，还直接带来经济可承受方面的问题，以及飞机在中高威胁环境下的使用问题。而诺斯罗普·格鲁门公司致力于开发的RQ-4B新型无人机还没完成设计，其先进传感器有效载荷技术还不成熟。因此GAO建议五角大楼重新考虑同时开发与生产该新型无人机，并推迟其采购时间。

面对GAO对“全球鹰”成本增长的指责，诺斯罗普·格鲁门公司表示，要想得到性能好的产品必须付出大的代价，“全球鹰”的材料昂贵，商家不能在铝合金或碳纤维零件的价格上得到折扣，从而导致零件成本高。其次，公司认为他们忽视了“全球鹰”与相似尺寸的有人飞机相比，运行成本更低，能够极大地节省全寿命作战成本。“全球鹰”运行成本约为每小时 1.3 万美元，而 U−2 则高达 2.3 万美元。并且“全球鹰”只需要很少的操作人员，而操作人员在国防部的预算中是最昂贵的开支，差不多占总费用的 2/3，其中包括薪金、购房、医疗、家眷、老兵的安排等。如果不计算人力成本的话，“全球鹰”运行成本可接近每小时 6000 美元。2006 年 5 月，诺斯罗普 · 格鲁门公司也发布了自己统计的各批次“全球鹰”成本信息（见表 1−12）。

表 1−12 “全球鹰”各批次成本 百万美元

批次	总成本	机身	载荷
ACTD	31.6	20.3	11.3
Block 20	45.9	29.4	16.5
Block 30	54.2	27.1	27.1
Block 40	66.3	27.3	39.0

而早在 2005 年 10 月，工业界官员也称，“全球鹰”无人机项目通过应用精益制造原则，从 2002 年 12 月以来已经节约成本 8200 万美元。诺斯罗普·格鲁门公司则称，实际的成本节省要更多，因为其统计还包括了所有发生的成本节省。然而，这一成绩被整个项目的成本增高所掩盖，因为诺斯罗普 · 格鲁门公司争取为美国空军制造升级型 RQ−4B“全球鹰”，技术和项目安排等问题使得“全球鹰”项目成本上升，故使该无人机的平均采购成本上升。

“全球鹰”进入 EMD 和 LRIP 阶段以来，各财年实际使用成本见表 1−13，未来成本趋势预测见表 1−14（2008 年数据）。

表 1−13 2000 ~ 2008 财年研发、试验与评估成本及采购成本历史数据表

百万美元

研发、试验与评估成本	2000 财年	2001 财年	2002 财年	2003 财年	2004 财年	2005 财年	2006 财年	2007 财年	2008 财年
信号情报	−	−	−	−	−	−	4.9	10.5	10.9
“全球鹰”	−	−	−	345.7	382.6	327.7	224.1	274.1	284.3
海军 BAMS	−	−	−	188.4	95.1	64.0	−	26.2	115.9

续表 1-13

采购成本	2000财年	2001财年	2002财年	2003财年	2004财年	2005财年	2006财年	2007财年	2008财年
空军“全球鹰”	–	21.0	162.2	181.0	246.7	359.1	359.6	391.9	510.5
空军“全球鹰”数量/架	–	–	3	3	4	4	5	5	5
空军“全球鹰”改型	–	–	–	–	–	–	–	7.5	25.7

表 1-14　2009 ~ 2018 财年研发、试验与评估成本及采购成本预测数据表

百万美元

研发、试验与评估成本	2009财年	2010财年	2011财年	2012财年	2013财年	2014财年	2015财年	2016财年	2017财年	2018财年
信号情报	41.9	34.6	20.5	11.7	10.0	10.0	10.0	10.0	10.0	10.0
“全球鹰”	284.9	243.9	195.8	168.7	170.6	150.0	115.0	115.0	95.0	95.0
海军 BAMS	480.1	557.0	462.8	383.7	279.2	110.0	60.0	60.0	60.0	60.0
采购成本	2009财年	2010财年	2011财年	2012财年	2013财年	2014财年	2015财年	2016财年	2017财年	2018财年
空军“全球鹰”	658.3	462.0	473.8	496.6	475.0	450.0	450.0	450.0	450.0	450.0
空军“全球鹰”数量/架	5	5	5	5	5	5	5	5	5	5
空军“全球鹰”改型	103.9	109.8	127.4	109.5	57.0	70.0	70.0	70.0	70.0	70.0
海军 BAMS	–	–	20.0	363.8	359.8	370.0	390.0	390.0	390.0	390.0
海军 BAMS数量/架	–	–	4	4	4	4	4	4	4	4

1.6.3　近期成本问题

2010 年 6 月，美国军方武器采办主管再次重申他们对诺斯罗普·格鲁门公司“全球鹰”无人机成本问题的担忧，负责采办、技术和后勤的美国国防部副部长阿什顿·卡特指出，“全球鹰”正步入一条“经济上承受不起”的道

路。“全球鹰”的需求量很大，但随着诺斯罗普·格鲁门公司报价的不断增长，军方对其价格的关注度也在不断提高。“全球鹰”至少有 6 个型别，其中空军 4 型、海军 2 型，这些飞机都已经或者将被国防部采购。此外，诺斯罗普·格鲁门公司还向德国出售了“全球鹰”的出口型“欧洲鹰”。卡特指出：“所有型别的机身都大致相同，为什么这些型别的价格都在逐年增加，而不是减少？”与此同时，空军负责采办的助理部长大卫·范布伦也对“全球鹰”的成本表示不满，并指责试验进展比预期的要慢。但诺斯罗普·格鲁门公司反驳称，“全球鹰”的总价已经下降，而非上升。“成本尖峰”问题主要在于个别批次的采购数量。

2011 年 4 月，美国国防部最新发布的 2010 年第四季度特定采办报告指出，与目前费用基线相比，“全球鹰”项目的单位费用增加了 14%，平均单位采购成本增加了 22.8%，费用暴涨已突破了纳恩－麦克迪法案规定的上限。因此，五角大楼必须对项目进行评估，并在 5 月 14 日前向国会证明延续该项目对国家安全的重要性。美国国防部表示导致成本暴涨的主要因素是 RQ-4 机队改变为由更高比例的昂贵的 Block 30 型和更少的 Block 40 型构成。

从 ACTD 到现在，“全球鹰”成本不断增加，虽然曾专门成立了联合评估小组，负责制定削减成本具体方案，但收效甚微，现又因成本增长违犯法案再次陷入审查。“全球鹰”的开发采购策略和成本控制管理有许多值得思考的地方，本书将在第五章具体分析与阐述。

第二章　总体设计分析

美军全球战略任务需要以较低的费用及损耗高效率地完成任务，要求情报系统具有连续、实时、全天候、大范围的监视、侦察、目标定位、毁伤评估等能力，并且要求使用人员生命危险性低，研制成本与国防预算相适应。当时已有的侦察手段（卫星、有人侦察机、无人侦察机）不能完全满足这些任务需求。“全球鹰”（Tier Ⅱ +）项目因此应运而生。

2.1　任务使命与性能指标

按照通行的无人机分类标准，“全球鹰”属于典型的侦察型无人机。侦察型无人机的主要作战任务包括：对敌方战役、战术地域内的军事部署、地形等情况实施预先侦察和战场监视，提供作战所需的航空照片；侦察目标、确定目标位置坐标，观察攻击效果，指挥、校正攻击；实时将战场态势、目标图像信息传递给指挥所，为作战指挥提供支持；检查己方部队和设施的隐蔽和伪装效果。其主要侦察对象为：敌方导弹阵地、核武器、雷达站、装甲车辆、舰船、前线航空兵机场及机群、集结的部队、指挥中心、后勤基地、交通枢纽、军港、渡口等重要目标。

侦察型无人机的主要作战方式有预先侦察和实时侦察两种。执行预先侦察任务时，无人机系统需要装载全景相机、画幅相机、红外行扫仪等任务载荷，在无线电静默的条件下按预编程序飞行，无人机返航后通过一定技术手段对目标遂行侦察和定位任务；执行实时侦察任务时，无人机系统需要装载电视摄像机、前视红外仪及合成孔径雷达等任务载荷，侦察信息实时传回地面站，对目标遂行实时侦察、定位任务。

DARO 将“全球鹰”的任务使命简单概括为一句话：为联合作战指挥提供扩展的侦察能力。按照 DARO 主任肯尼思·伊斯雷尔的阐释，“扩展的侦察能力”就是能够不分昼夜、不分地点、不论天气，持续而迅速地获取作战指挥所需的敌方领域情报。可见，“全球鹰”应具有全天时、全天候、全方位、全纵深的持续侦察、监视、目标定位、毁伤评估，以及侦察结果的实时（近实时）传递与分发等能力，为己方武器系统充分发挥效能，精确打击浅近纵深和大纵深内的敌方目标，为己方指挥系统快速反应、准确判断、正确决策提供情报保障。随着美军作战理念的演进，“全球鹰”被定位为网络中心战的重要节点，承担图像情报、信号情报侦察、监视和战场通信中继任务，成为空、天、地、海综合作战体系的重要组成部分。表 2–1 为诺斯罗普·格鲁门公司和美国军方公开发布的“全球鹰”性能目标值与设计值。

表 2–1 “全球鹰”性能目标值与设计值

性能参数	目标值	设计值
最大航程	14000n mile	13500n mile
最大高度	19800m 以上	19800m
续航时间	42h	38h
飞行临界可靠性	1 次损失 /200 次任务	1 次损失 /605 次任务
卫星通信数据链	1.5 ~ 50Mb/s	1.5、8.67、20、30、40、47.9Mb/s
视距通信数据链	>50Mb/s	137Mb/s
合成孔径雷达分辨率	广域搜索（WAS）：1.0m 聚束扫描（Spot）：0.3m	广域搜索（WAS）：1.0m 聚束扫描（Spot）：0.3m
动目标指示器 作用距离 / 分辨率	20 ~ 200km/10m	20 ~ 200km/10m
光电传感器分辨率	Spot：NIIRS 6.5 WAS：NIIRS 6.0	Spot：NIIRS 6.5 WAS：NIIRS 6.0
红外传感器分辨率	Spot：NIIRS 5.5 WAS：NIIRS 5.0	Spot：NIIRS 5.5 WAS：NIIRS 5.0

续表 2-1

性能参数	目标值	设计值
广域搜索速率	40000（n mile）²/ 天	40000（n mile）²/ 天
聚束扫描速率	1900 点 / 天	1900 点 / 天
定位精度	误差小于 20m（CEP）	误差小于 20m（CEP）

注：(1) NIIRS：美国国家图像解译度分级标准，是目前西方情报机构广泛使用的一种定量的主观图像质量标准，说明图像解读人员能从图像中辨别的细节程度。目前已开发了 4 种 NIIRS 等级表：雷达 NIIRS、可见光 NIIRS、红外 NIIRS 及多光谱 NIIRS。这些等级表分为 10 级，每提升一级，都意味着图像质量和解读任务难度的提高。
(2) CEP：圆概率误差。

2.2 总体气动设计

"全球鹰"在总体气动设计方面，围绕"高空"和"长航时"的任务需求，综合考虑性能、成本和风险等要素，主动放弃了一些"前卫"的设计方案，选择了一条相对保守、"平衡的设计"路线，"全球鹰"的总体气动设计不像其他先进飞机那样有大量引人注目的突破和创新，但这种"平衡的设计"体现了设计师深厚的造诣，是"全球鹰"总体气动设计的特色和取得成功的重要因素。

2.2.1 总体布局

为满足高空长航时的任务需求，"全球鹰"采用大展弦比的下单翼布局，翼展为 35.4m（Block 20 后改为 39.9m），展弦比为 25∶1，机翼显得很细长。机身基本由铝合金盒段构成，机身长 13.5m（Block 20 后改为 14.5m），相对大翼展的机翼显得比较短粗，机身内布置了前后两个增压设备舱。发动机为背负式布局，发动机短舱布置在机身中后段上方，尾喷口位于 V 形尾翼（上反角 50°）之间。起落架为前三点式，可收放并且前起落架高度可调。光电 / 红外侦察设备安装在机头下部。机头上部(一般是在有人飞机布置座舱的部位）有一个水泡形的大鼓包，使"全球鹰"从侧面看起来有点像一条飞行的鲸鱼。这样一个大鼓包对飞机气动性能的负面影响是显而易见的，但为了装载直径 1.22m 的宽频带卫星通信天线，付出这个代价也是必须的。前机身和后机身下部也分别有个明显的鼓包(凸出舱)，后机身下面的较小鼓包内布置的是通用数据链（CDL）天线，合成孔径雷达和活动目标指示器（GMTI）则安排在机身下部、翼根前的鼓包内。“全球鹰”总体布局简图如图 2-1 所示。

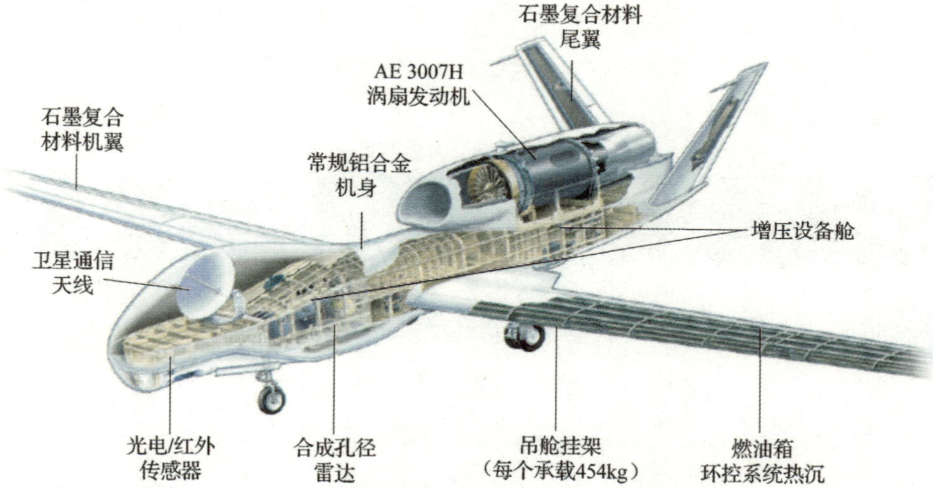

图 2-1 “全球鹰”总体布局简图

2.2.1.1 机身

“全球鹰”机身分为前、中、后 3 段，卫星通信天线舱、双侧保形天线舱、前起落架舱和前电子设备舱都布置在机身前段，前电子设备舱内装载了高性能图像数据通信系统、大功率通信放大器、增强型综合传感器处理机、公共卫星 GPS、合成孔径雷达、卫星数据通信装置、导航电子装置、配电装置、传感器管理装置等大量重要设备。机身中、后段的内部空间主要用来布置机身主油箱和后电子设备舱，燃油系统的各种管路、传感器，以及交流发电机、直流发电机、供电整流控制装置、空中交通告警及防撞系统计算机、敌我识别系统应答机等电子、电气设备。图 2-2 为“全球鹰”有效载荷舱分布示意图，表 2-2 是有效载荷舱尺寸。

第二章 总体设计分析

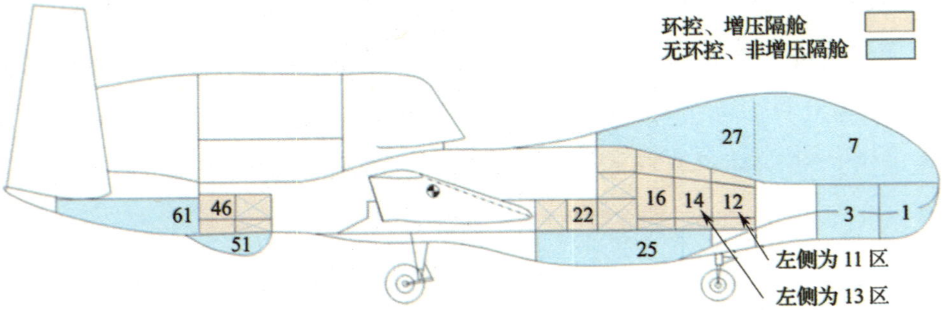

图 2–2 “全球鹰”有效载荷舱分布示意

表 2–2 “全球鹰”有效载荷舱尺寸

编号	尺寸 /m			可用体积 /m³
	长	宽	高	
1	0.66	0.99	0.84	0.244
3	1.02	0.58	0.69	0.340
7	2.67	1.42	0.91	3.115
11	0.48	0.53	0.33	0.085
12	0.48	0.53	0.33	0.085
13	0.48	0.51	0.43	0.105
14	0.48	0.51	0.43	0.105
16	0.48	0.51	0.51	0.125
22	0.38	0.38	0.36	0.051
25	3.05	1.42	0.46	1.869
27	1.83	1.42	0.66	1.416
46	0.51	0.51	0.36	0.091
51	1.14	0.36	0.30	0.057
61	1.78	1.12	0.51	1.841

2.2.1.2 机翼、尾翼

“全球鹰”机翼采用的是先进的层流翼型，不仅升力系数高，相对厚度也比较大，机翼内部空间主要布置的是主起落架舱、机翼油箱、输油管路和通气管路等，机翼油箱还同时作为环控系统燃油冷却热交换器的热沉。“全球鹰”机翼的展弦比为 25:1（见图 2–3），后掠角为 5.9°（从 25% 翼弦处测量），

Block 20 改进后，展弦比保持不变，但为保证得到最好的重心平衡点，机翼后掠角已减小到 5°。

图 2–3 “全球鹰”的大展弦比特征非常突出

“全球鹰”采用 V 形尾翼布局（见图 2–4），V 形尾翼上反角为 50°，兼有平尾和垂尾的功能，尾翼上的舵面也同时具有方向舵和升降舵的功能，靠近翼根的舵面被称为“内侧方向升降舵”，靠近翼梢的舵面被称为“外侧方向升降舵”。尾翼上布置有空速管和静电放电器等。尽管“全球鹰”没有要求隐身性能，但 V 形尾翼布局在一定程度上减缩其信号特征的作用是不言而喻的。

图 2–4 “全球鹰”的 V 形尾翼

2.2.1.3 动力装置

“全球鹰”采用单台涡扇发动机，发动机布置在机身中后段上方，这种发动机背负式布局的突出优点是：增加了机身内的有效容积，便于装载更多的任务载荷，结构效率也比较高；发动机安装在机身结构之上的台架上，附件设备安装通道畅通；发动机拆卸比较方便，用一台高架起重机即可更换。

“全球鹰”采用的是直线型发

动机短舱进气道，具有很高的压力恢复和最小的流场畸变，进气道方案是在多个备选方案的基础上，经过一系列的计算流体动力学（CFD）分析和流场试验选定的，该方案在“全球鹰”巡航飞行状态下显示出相当好的压力恢复系数和流场畸变特征，低速飞行时虽然流场畸变较高但是仍处于可控范围。

“全球鹰”发动机尾喷管的主要特征是有一个向上 7° 的偏转，尾喷管的偏转改变了推力的方向。发动机位于机身上方，发动机中心线逆航向下倾 3°，而推力矢量相对于发动机中心线上倾 7°，相对飞机中轴线最终向上偏转 4°（见图 2–5、图 2–6）。这样，正常平飞状态下（迎角大约 4°）推力轴线与速度矢量正好对准，且通过飞机重心，从而使推力变化引起的俯仰配平变化最小。计算流体动力学分析结果表明，偏转对尾喷管气流或推力系数没有明显影响。

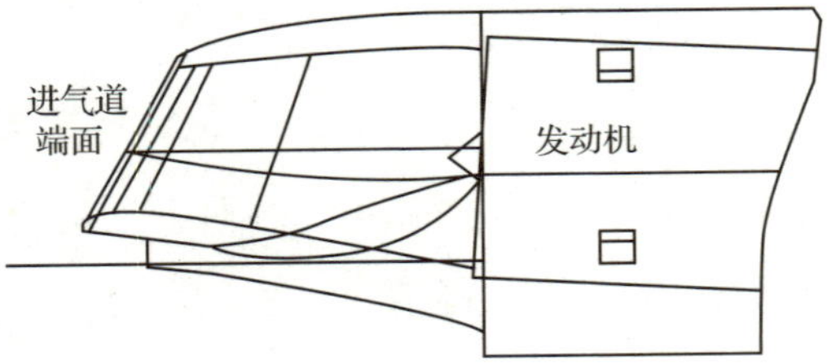

图 2–5 “全球鹰”进气道简图

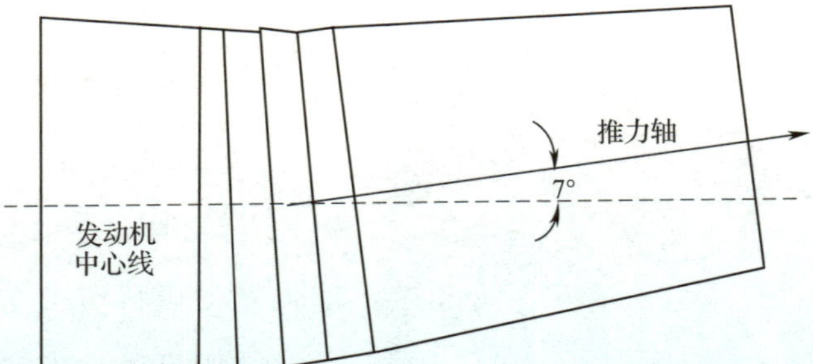

图 2–6 “全球鹰”推力轴相对发动机中心线偏转示意

2.2.1.4 起落架

“全球鹰”采用可收放的前三点式起落架。前起落架的设计是参考 F–5 飞机的设计方案改进而成（见图 2–7），前起落架的高度可根据需要进行调节，以适应不同跑道的特性。在飞机爬升到 1200m 左右高度时，前起落架自动向

图 2-7 F-5 前起落架

前收起，主起落架（见图 2-8）自动向内侧收起。本着尽可能使用货架产品的设计原则，“全球鹰”主起落架直接选用了庞巴迪公司“利尔喷气”公务机的货架部件（见图 2-9），Block 20 改进后，则采用了 F-16 的部分起落架部件（见图 2-10）。

2.2.2 气动设计

“全球鹰”在气动设计上首先要协调好“高空”和“长航时”的矛盾。“全球鹰”巡航飞行高度在 19000m 左右，在这样的高空，大气相对密度约为 0.084，机翼要产生足够大的升力就要求飞行器有足够高的速度。但飞行速度如果超过该高度的机翼临界马赫数就会出现空气压缩性效应，使飞行器阻力大增，燃油消耗也相应猛增，从而无法满足长航时的要求。为了同时满足“高空”和“长航时”的要求，“全球鹰”的机翼必须要有较高的升力系数，同时又要尽量降低阻力，而诱导阻力与升力系数的平方成正比，要在降低阻力和提高升力系数之间取得平衡，比较可行的办

图 2-8 “全球鹰”主起落架

图 2-9 “利尔喷气”主起落架

法是增加展弦比。因此“全球鹰”的机翼显得很细长，展弦比高达 25.09（运输机展弦比一般为 10 左右，战斗机一般为 3 左右）。

“全球鹰”进气道设计相对常规亚声速飞机来说是一个需要给予更多关注的设计难点，其 90% 以上的任务时间处于 18000m 以上的高空，航程与续航时间的要求很突出，其飞行包线的特点允许进行这种设计聚焦。“全球鹰”进气道比常规的要短，在其喉道处有适度的扩张，进气道布局和几何外形为适应卫星抛物面天线的视场需求进行了优化，进气道的安装也尽量与机身融合，以减小飞机的浸润面积和形状阻力。

“全球鹰”在气动设计上要解决的另一个难点是小雷诺数的气动力问题。雷诺数与大气相对密度成正比，在“全球鹰”执行任务的约 19000m 高空，空气密度只有地面的 8.4%，普通的大展弦比机翼弦长一般都比较短，这种翼型即使在低高度时雷诺数也不大，在 19000m 高空就更低。而普通翼型在小雷诺数时，翼面上的层流边界层很容易分离，导致气动特性恶化和不稳定。只有当雷诺数超过翼型的临界雷诺数，层流边界层在分离之前转捩为湍流边界层时，机翼气动特性才会

图 2-10 F-16 的起落架

改善和稳定。经过综合权衡，“全球鹰”采用了一种先进的低雷诺数、大升力系数层流翼型。这种翼型是根据预先确定的翼面压力分布计算出来的，其相对厚度比较大，可以适应高空低雷诺数飞行，同时可得到相对较大的机翼油箱容积；结构效率比较高，适合制造大展弦比机翼，也有利于减重。

“全球鹰”采用的层流翼型，相对厚度约为16%，中弧线弯度最高点在40%，最佳升力系数约为0.87，阻力系数约为0.0067，零升力迎角约为−5°，而0°迎角时的升力系数达到0.7左右。据测算，“全球鹰”在19000m高度以最大速度680km/h飞行，动压1870N/m^2，升力系数1.17，迎角2°，马赫数0.64左右，飞机此时诱导阻力系数约为0.022。以雷诺数1543000、全机冲洗面积205m^{2}计算，并修正干扰阻力等因素，飞机的废阻力系数约为0.0187。这样，“全球鹰”在该状态的总阻力系数约为0.0407，升阻比为28.7。可见，“全球鹰”在19000m高度执行任务时，虽然升阻比不是最大，但已经很接近最大状态，其气动设计总的来说是相当成功的。

2.2.3 总体气动设计特点

从“全球鹰”的总体气动设计特点来看，它属于比较典型的所谓“单设计点”飞机，即集中针对其预定的飞行状态优化配置各种设计参数，使得预定飞行状态的气动性能接近最佳状态，而不在其预定飞行状态时，气动性能就表现一般，或差强人意即可。“全球鹰”任务使命对飞行性能的核心要求是“高空、长航时”，这就是它的“设计点”。“全球鹰”能在中空以高亚声速飞行，但其气动性能特点并不适合中空飞行，而在18000～19000m的高空，其气动性能接近最佳，巡航飞行速度可达马赫数0.63，续航时间超过32h。另外，“全球鹰”的发动机短舱进气道也是以高空巡航飞行状态为设计点进行优化设计的，进气道在该状态压力恢复系数高达0.995，流场畸变特征也相当好，低速飞行时则存在流场畸变较高的问题，不过仍处于可控范围。

“全球鹰”需要在目标上空停留24h以上，但是它巨大的机体并没有采取特别的隐身设计措施，“全球鹰”不要求隐身能力是基于以下几个方面的考虑。

(1)“全球鹰”执行任务时可依赖美军的绝对空中优势，采用非接触作战模式，不需要具备隐身突防能力即能够到达任务区域；

(2)“全球鹰”机载防御辅助电子战系统可提供防备敌方少量残余防空导弹袭击的能力，通过装备与飞行控制计算机综合的威胁告警规避系统，各种电子欺骗、干扰设备，可保证“全球鹰”获得足够的生存力；

(3)“全球鹰”毕竟只是无人机，冒一些被敌方高成本武器击落的风险，有不太大的损失概率也是可以接受的。

为了减少成本、重量、航程、布局等方面的代价，“全球鹰”的隐身设计并不多，而是从任务规划、使用战术和机载设备上下功夫，满足生存力要求：提高侦察设备性能、降低侦察相机的最小俯角，远离目标、不必采用垂直临空侦察模式也可保证所需的成像质量；制定任务遂行方案时，尽量避开敌方的威胁，减少在敌方地空导弹面前暴露的时间；增加干扰措施，采用模块化系统以对付各种不同的威胁环境；利用战区其他武器（预警机、侦察飞机等）的帮助；加装防御辅助系统，包括威胁告警接收机（AN/ALR-89）、机载干扰机和拖曳式诱饵（AN/ALE-50 型雷达诱饵，主要用于欺骗射频寻的地空导弹）等。

“全球鹰”在研制过程中不断改进，Block 20 以前的被命名为 RQ-4A，从 Block 20 开始，因为对机体和任务载荷做了重大改进，被命名为 RQ-4B。RQ-4B 机身比 RQ-4A 加长 7.4%，达到 14.5m；翼展比 RQ-4A 增加 11.3%，达到 39.9m，机翼有了明显的 2° 上反角，并且增加后缘保形吊舱，以容纳加宽、加强的主起落架。机翼采用 2° 上反角后，可避免在地面上可能出现的机翼下垂问题。由于机翼相当细长，RQ-4A 加满燃油时，其翼梢下垂达 0.3m，而 RQ-4B 由于有 2° 上反角，在同样的载荷下机翼基本呈水平状态。总体性能方面，改进的最大收获是 RQ-4B 的载荷搭载能力比 RQ-4A 增加 50%（453kg），可以装载更多、更先进的任务载荷，其任务能力也相应大幅提升。

“全球鹰”总体设计过程中，经常面对不同专业提出的相互矛盾的需求，总体设计的重要使命就是在各种矛盾的需求之间寻求最佳的平衡点。机头那个乍看有些突兀、细看又非常自然协调的大鼓包，就是装载大口径卫星通信天线和保证气动性能等矛盾的需求之间寻求平衡的结果。“全球鹰”设计之初就确定了尽量降低研制风险的原则，并因此放弃了“飞翼”构型等前卫的设计方案，而选择了目前这种相对比较常规的设计方案。“全球鹰”的设计者相信，在飞机设计方案竞标中，“平衡的设计”成功的机会往往更大一些。“全球鹰”总体设计负责人拉米雷兹在回顾“全球鹰”设计历程时不无感慨地说，“飞机设计是一门折中的艺术”。

“全球鹰”的设计者深谙“折中的艺术”，很好地平衡了性能、成本和风险等要素，取得了巨大成功。“全球鹰”项目2001年荣获美国航空协会颁发的美国航空航天业界2000年度最高成就奖——科利尔（Collier）奖。科利尔奖创立于1911年，由美国航空协会每年颁发一次，主要对美国航空航天领域取得的最大成就予以奖励，是美国航空航天领域最具名望的奖项。浏览历年获奖者名单，我们会看到人类航空航天史上一系列具有里程碑意义的重大成果：查克·耶格尔驾X–1突破声障（1947年度）；F–104“星”式战斗机（1959年度，见图2–11）；SR–71“黑鸟”高空侦察机（1963年度）；阿波罗11登月（1969年度）；F–117隐身飞机（1989年度）；GPS（1992年度）；JSF升

图2–11　1959年，时任副总统的尼克松向凯利·约翰逊颁发科利尔奖杯

力风扇综合推进系统（2001 年度）；F−22“猛禽”（2006 年度）；国际空间站（2009 年度）……

2.3　材料和结构

“全球鹰”机体结构主要采用常规铝合金和先进复合材料，其中机身主要采用常规的铝合金制造，而机翼、尾翼、后机身和发动机短舱等主要由复合材料制造。机身蒙皮采用常规铝合金的原因，除了成本等因素外，还考虑到铝合金蒙皮的法拉第电磁屏蔽效应，对一些机载设备可以起到保护作用。复合材料在“全球鹰”结构材料中占的比例比较大，经过对机体结构的不断改进，复合材料占结构重量的比例高达约 65%。大量轻质、高强度复合材料的应用，是“全球鹰”实现重量控制目标的关键。

“全球鹰”机身为传统的半硬壳式结构，主要由铝合金构成。其中机身上大梁、机身中大梁、机身下大梁，隔框、蒙皮、壁板、桁条等受力构件均为机械加工的铝合金；机头下整流罩，位于机腹前部下方的合成孔径雷达 / 活动目标指示器（SAR/MTI）天线罩，位于机腹后部下方的共用数据链天线罩，形成头部大鼓包的卫星通信天线罩、天线罩后整流罩，发动机短舱后上框架，发动机排气口上整流板，可拆卸的后机身等均为复合材料 / 蜂窝结构；机身机翼过渡整流罩，发动机短舱前框架、发动机短舱后下框、发动机短舱进气道、冲压空气进气道、发动机短舱上整流罩，后机身下大梁等均为复合材料结构；光电 / 红外传感器至前起落架舱整流罩为复合材料，其支撑结构则为机械加工的铝合金；机身结构中采用钛合金的构件集中在后机身，主要有后机身与尾翼前梁的上下两个连接接头，后机身上大梁 / 尾翼安装接头和发动机尾喷管等。“全球鹰”的总体结构详图如图 2−12 所示。

“全球鹰”机翼为铝合金和石墨复合材料混合结构，机翼内侧段为四“工”字梁结构，外侧段为三梁结构，蒙皮全部由石墨增强环氧树脂复合材料制成。机翼前缘和翼尖均为可拆卸的复合材料结构。“全球鹰”机翼由沃特飞机工业公司制造。

L-3通信公司

结构和总体

1　机头下整流罩
2　摄像机整流罩
3　增强型光电/红
（4个）
4　前机身结构—
成形蒙皮
5　光电/红外至
料 / 机械加工
6　前机身龙骨—
7　前机身 / 中机
框——机械加

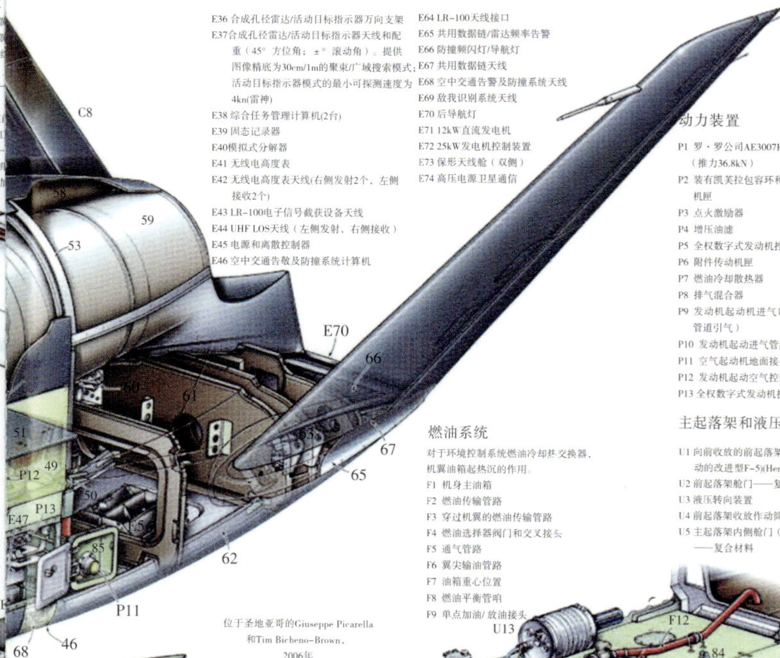

E36 合成孔径雷达/活动目标指示器万向支架
E37合成孔径雷达/活动目标指示器天线和配重（45° 方位角；±° 滚动角）。提供图像精底为30cm/1m的聚束/广域搜索模式；活动目标指示器模式的最小可探测速度为4kn(雷神)
E38 综合任务管理计算机(2台)
E39 固态记录器
E40模拟式分解器
E41 无线电高度表
E42 无线电高度表天线(右侧发射2个，左侧接收2个)
E43 LR-100电子信号截获设备天线
E44 UHF LOS天线（左侧发射，右侧接收）
E45 电源和离散控制器
E46 空中交通告敬及防撞系统计算机

E64 LR-100天线接口
E65 共用数据链/雷达频率告警
E66 防撞频闪灯/导航灯
E67 共用数据链天线
E68 空中交通告警及防撞系统天线
E69 敌我识别系统天线
E70 后导航灯
E71 12kW直流发电机
E72 25kW发电机控制装置
E73 保形天线舱（双侧）
E74 高压电源卫星通信

动力装置

P1 罗・罗公司AE3007H涡扇发动机（推力36.8kN）
P2 装有凯芙拉包容环和外涵道的风扇机匣
P3 点火激励器
P4 增压油滤
P5 全权数字式发动机控制装置接头
P6 附件传动机匣
P7 燃油冷却散热器
P8 排气混合器
P9 发动机起动机进气口（从冲压进气管道引气）
P10 发动机起动进气管路
P11 空气起动机地面接头
P12 发动机起动空气控制器
P13 全权数字式发动机控制装置

主起落架和液压装置

U1 向前收放的前起落架(电控、液压作动的改进型F-5)(Heroux公司)
U2 前起落架舱门——复合材料
U3 液压转向装置
U4 前起落架收放作动筒
U5 主起落架内侧舱门（在地面上关闭）——复合材料

燃油系统

对于环境控制系统燃油冷却热交换器，机翼油箱起热沉的作用。

F1 机身主油箱
F2 燃油传输管路
F3 穿过机翼的燃油传输管路
F4 燃油选择器阀门和交叉接头
F5 通气管路
F6 翼尖输油管路
F7 油箱重心位置
F8 燃油平衡管咱
F9 单点加油/ 放油接头

位于圣地亚哥的Giuseppe Picarella
和Tim Bicheno-Brown，
2006年

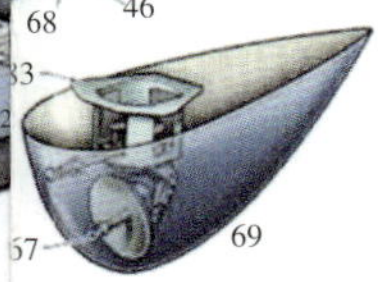

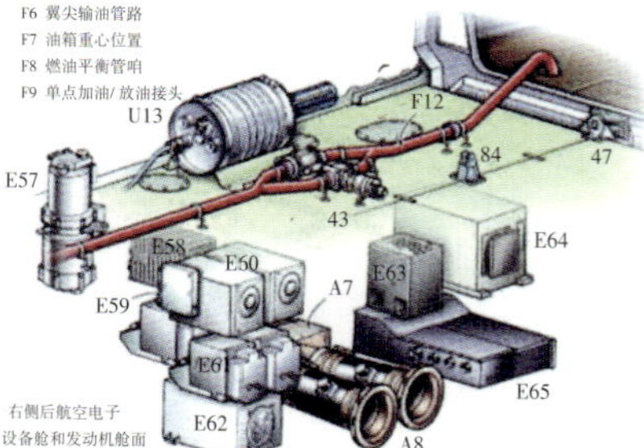

右侧后航空电子
设备舱和发动机舱面
详图

E47 交流发电机控制装置
E48 直流电源托架（后）
E49 空中交通告警及防撞系统天线
E50 UHF卫星通信天线
E51 抗干扰天线
E52 GPS天线
E53 GPS天线（L1/L2和L波段公共星天线）
E54 静电放电器
E55 差分GPS天线（双侧）
E56 LR-100 ESM天线

F10 油量传感器（8个）
F11 油滤
F12 燃油系统通风管路

U6 主起落架上位锁作动筒
U7 主起落架内侧舱门作动筒（液压）
U8 向内收放的主起落架（液压作动，装有电控多轮盘防拖胎刹车）Heroux/Goodrich公司
U9 主起落架（前）整流罩——复合材料
U10 主起落架扭力臂
U11 主起落架外侧舱门——复合材料

8 卫星通信天线
9 天线罩固定的
窝结构及铝合
10 装有外桁条
11 机身中段龙
加工的铝合金
12 机身（变剖面
天线罩安装面
13 前电子舱—
14 前电子舱（
隔框——机械
15 合成孔径雷
线罩——复合
16 雷达天线罩
17 机身机翼过
18 前电子舱（
械加工的铝
19 机身机翼前
加工的铝合
20 机身中段含
成形的铝合
21 燃油冷却散
进气口
22 发动机短舱

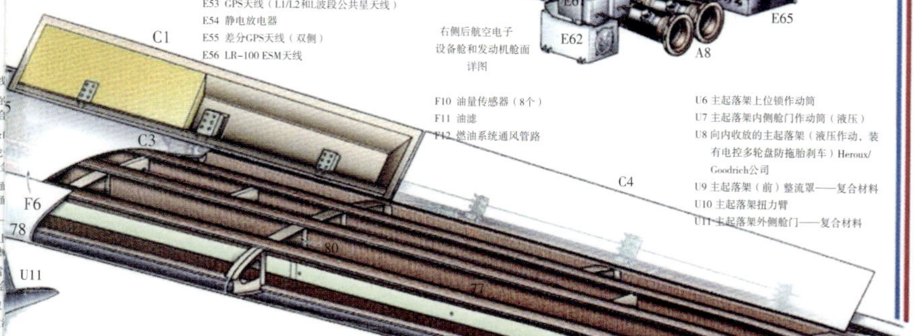

沃特飞机工业公司

诺斯罗

导航电子装置
增强型综合传感器接收机控制器
增强型综合传感器配电装置
合成孔径雷达LN-100G
增强型综合传感器处理机
锂离子电池(3个)
电源和离散控制器
直流电源托架(前)
燃油系统信号调节器
全球空中交通管理接收机
以太网插座

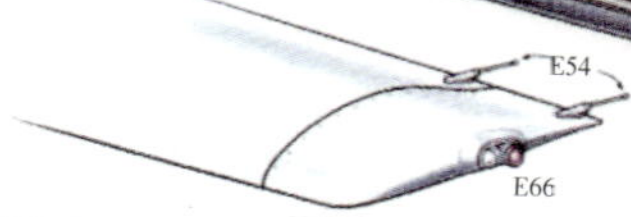

翼尖详图

E57 10kW交流发电机
E58 敌我识别系统应答机
E59 UHF低噪声放大器 / 天线共用器
E60 大功率放大器（2个）
E61 ARC-210无线电（3个）
E62 变压整流器
E63 LR-100接收机处理器

U12 主起落架侧撑杆作动筒
U13 蓄压器
U14 主起落架整流罩——复合材料

“全球鹰”尾翼为前后双梁悬臂式结构，主要由石墨增强环氧树脂复合材料制成。蒙皮材料是由标准的增强石墨纤维和增韧的环氧树脂组成，采用室温固化胶结技术与翼肋和翼梁相连。尾翼整流罩为复合材料结构，而尾翼翼尖整流罩为可拆卸的复合材料结构。“全球鹰”尾翼由奥罗拉飞行科学公司（西弗吉尼亚州）制造。

“全球鹰”起落架为前三点式，前起落架由位于加拿大魁北克省的赫罗克斯·德威泰克公司制造，采用向前收起方式，电控、液压作动，并且高度可调（见图 2–13、图 2–14）。主起落架由古德里奇公司制造，采用向内侧收起方式，液压作动，并装有电控多轮盘防抱死刹车系统。主起落架支架接头和支柱轴为钛合金，整流罩为复合材料。

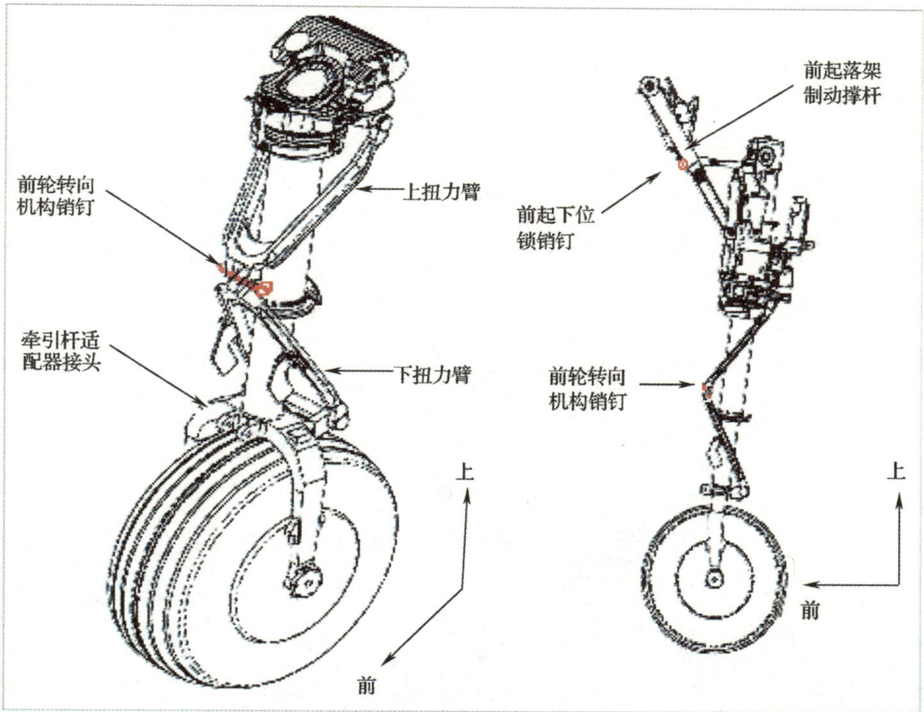

图 2–13 “全球鹰”前起落架结构简图

“全球鹰”结构设计和材料选择方面，将铝合金等传统材料和先进复合材料科学搭配使用，采用合理的结构形式和连接方法，提高结构效率，降低结构重量，并且在满足性能要求的前提下，尽量选用成熟技术和商用货架产品（COTS），不仅成功地实现了重量和成本控制目标，而且强度、刚度和安全性均超过了美国军方严格的要求。Block 20的"全球鹰"机身在最大为12.2m/s的阵风下，成功达到了弯曲设计极限载荷的150%，这次试验及后续试验均超过了美国空军提出的125%的需求；"全球鹰"的V形尾翼在侧向12.2m/s阵风下，成功达到设计极限载荷的150%；在模拟最大侧风的情况下，对"全球鹰"后机身金属和复合材料结构施加150%设计扭转载荷，试验完成后没有出现异常和故障。

图2—14 "全球鹰"前起落架

"全球鹰"结构设计中还采用了先进的有限元分析方法，建立了精确的有限元分析模型（见图2—15）。这对提高结构设计质量和效率、降低成本具有重要意义。由于有限元分析十分灵活，而且结果相当准确，在美国海军"广域海上监视系统"（BAMS）这样的"全球鹰"改型中，甚至可以免去昂贵的结构试验费用。

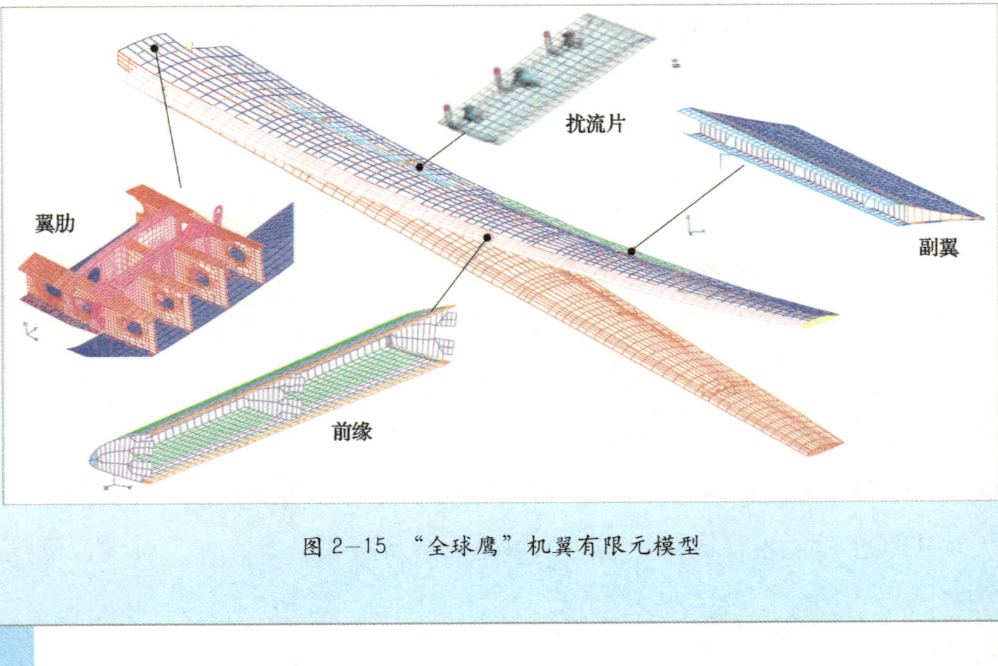

图2—15 "全球鹰"机翼有限元模型

2.4 重量控制

重量控制的目标就是要尽量降低结构重量系数，无人机结构重量系数一般控制在 0.20 ~ 0.28 之间。“全球鹰”实现重量控制目标的主要手段之一是采用复合材料、蜂窝夹层结构和其他先进材料。“全球鹰”应用复合材料的构件十分广泛，包括机翼、尾翼、蒙皮、翼肋、隔框，各种天线罩、整流罩、舱门，发动机短舱进气道，发动机短舱框架，可拆卸的后机身，后机身下大梁，主起落架辅助梁等，其复合材料总用量高达全机结构重量的 65% 以上。

影响结构重量的关键因素除了结构材料特性和结构受力形式外，总体设计参数对无人机结构重量也有显著影响。通过研究各总体参数变化率相同时飞机各部件结构重量的变化率大小，分析对飞机结构重量有影响的总体参数的敏感性，结果表明，对无人机结构重量影响显著的总体设计参数有：机翼展弦比、起飞重量、机翼相对厚度、法向过载、机身高度、机翼平均气动弦长、机身长、尾翼面积及尾力臂。

“全球鹰”通过大量采用强度、刚度都很高的复合材料，合理选择传力路线和承力结构形式，并对显著影响无人机结构重量的主要总体设计参数进行反复优化设计，达到了较为理想的结构重量系数。据估算，“全球鹰”机身结构重量约为 826kg、机身结构重量系数约为 0.0712，机翼结构重量约为 968kg、结构重量系数约为 0.0834，尾翼结构重量约为 98kg、结构重量系数约为 0.0085，起落架结构重量约为 430kg、结构重量系数约为 0.037，全机结构重量系数约为 0.2。可以说，“全球鹰”在结构重量控制方面是相当成功的。

2.5 动力选择

“全球鹰”的任务特点不仅要求发动机在高空长时间工作，而且还需要具有相当高的功率提取，以驱动任务载荷完成侦察、监视等任务。发动机在高空工作时，其工作线会向压气机喘振边界线方向移动，而高功率提取使得压气机喘振裕度更加紧张。为实现最佳任务续航，要求发动机在任务的大多数阶段以最大功率运转。因此，发动机寿命设计首先考虑的应是高涡轮温度下的长续航时间，而不是商用发动机通常考虑的循环因素。长航时的任务要求需要保持较低的耗油率，并且在整个任务期间，既要达到维持最大功率所需的高涡轮温度，也要保持合理的发动机平均拆卸（更换）间隔时间（MTBR）。选择大涵道比商用成品涡扇发动机，能以最小的更改满足上述技术需求，这也是“全球鹰”保持研制成本和进度的关键。

AE3007（见图 2–16）是一款非常成熟的大涵道比涡扇发动机，其系列民用改型已成功应用在巴西航空公司 EMB–145/140/135 系列喷气式支线飞机和赛斯纳“奖状”X 喷气式公务机上，并且在使用过程中不断改进。经过 800 多万飞行小时的商务使用充分证明，AE3007 具有非常高的可靠性、维修性和非常好的经济性。罗·罗公司按照“全球鹰”的需求对 AE3007 发动机进行了改进，命名为 AE3007H。AE3007H 和 AE3007 各种民用改型的部件大部分通用。由于专门针对高空长航时的使用特点进行改进，并尽量采用商用货架产品和成熟技术，罗·罗公司 AE3007H 发动机具有高性能、低成本、低风险等特征，因而在 1994 年被“全球鹰”项目选中。

罗·罗公司的改进主要体现在 AE3007H 的涡轮、全权限数字式电子控制设备、辅助汲油泵和电子排气控制阀等方面，改进的主要目的是适应高空长时间工作和高功率提取的需要。改进后的 AE3007H 发动机在阿诺德工程发展中心（AEDC）高空试验台进行了试验（见图 2–17），以确定当高

图 2–16　AE3007 发动机

图 2-17　AE3007H 发动机准备进行高空台试验，以验证当高度达到 21336m 时发动机的性能

度达到 21336m 时发动机的性能和工作极限。试验结果表明：AE3007H 发动机的高空推力、燃油消耗等特性良好，发动机具备在 19812m 高度以 40hp 功率提取工作的能力，可为“全球鹰”任务提供充分的保障。试验结果还证明，机油系统辅助汲油泵是发动机在 18288m 以上高空工作所必需的。

2.6　性能参数

表 2-3 列出了“全球鹰”的基本总体性能参数；图 2-18 为“全球鹰”空速包线，表示不同飞行高度及不同重量状态对应的最大空速和最小空速；图 2-19 给出了“全球鹰”从起飞到爬升至最大使用高度的典型飞行剖面；图 2-20 给出了“全球鹰”与不同任务半径对应的预计留空时间（需要注意的是，可能是出于保密或商业宣传的原因，不同渠道公布的上述数据有明显出入）。

表 2-3 “全球鹰”总体性能参数

	RQ-4A	RQ-4B
外形参数		
机长 /m	13.53	14.50
翼展 /m	35.42	39.90
机高 /m	4.45	4.7
性能参数		
最大起飞重量 /kg	12111	14628
空重 /kg	6710	6804
载荷 /kg	907	1360
巡航速度 /（km/h）	636（真空速）	575（真空速）
升限 /m	> 19800	> 18300
航程 /km	21720	
转场航程 /km	22236	22780
目标上空续航时间（距基地 2225km）/h	24	24
最大续航时间 /h	35（31.5 演示验证）	36
发动机	罗·罗公司 AE3007H 涡扇发动机，额定推力 36.8kN，功率提取：40hp（19812m 高空）	

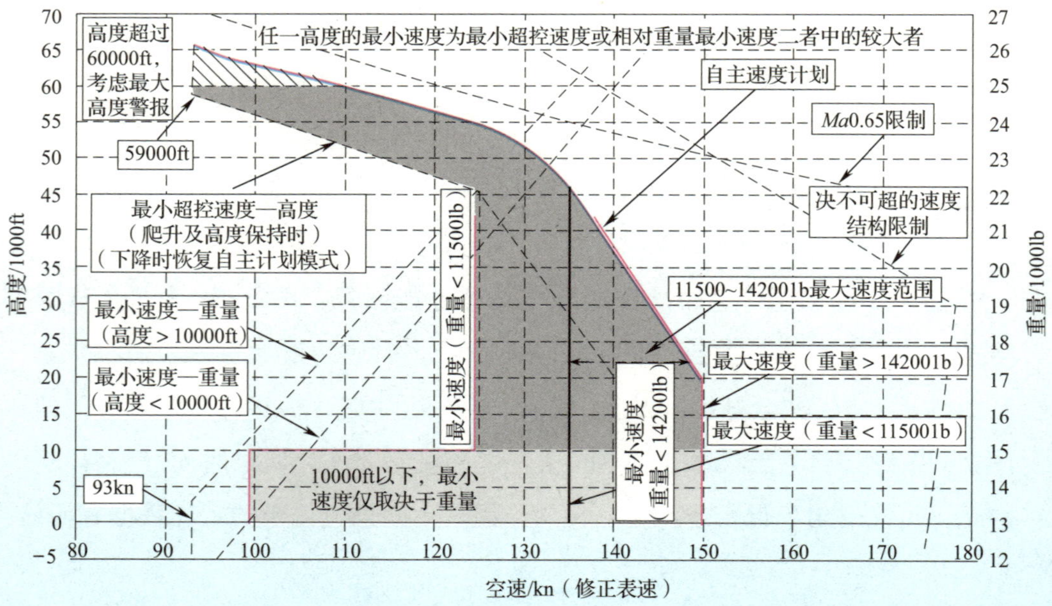

图 2—18 “全球鹰”空速包线

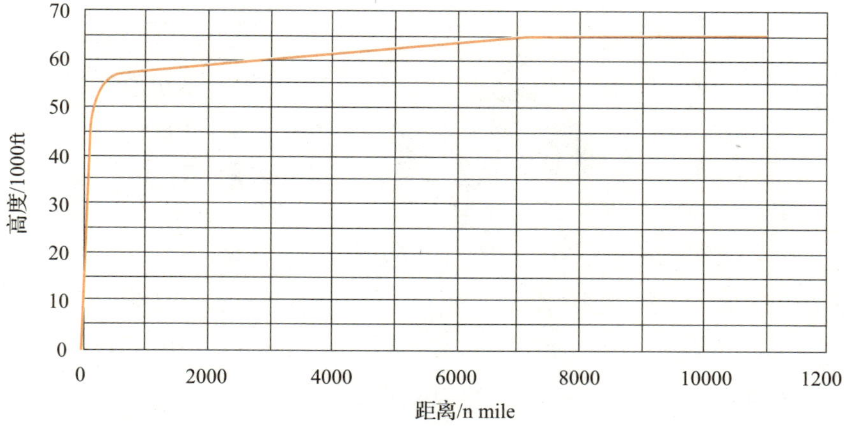

图 2–19 “全球鹰”典型飞行剖面图（至最大使用高度）

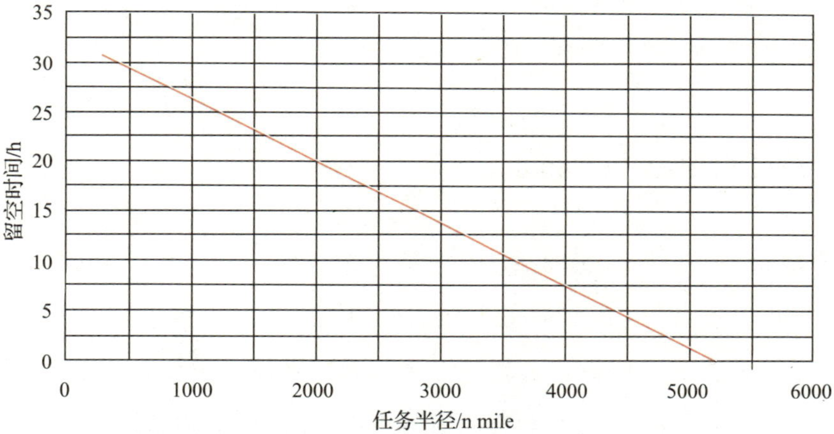

图 2–20 “全球鹰”预计留空时间与任务半径的关系

第三章　任务系统分析

任务系统是现代无人机执行侦察、监视、作战、目标定位和毁损评估等任务的关键。“全球鹰”的任务系统主要由机载任务系统和地面控制站两部分组成。而机载任务系统包括：综合传感器系统、飞行控制系统、导航系统、机载通信系统、防御辅助系统等。本章主要介绍“全球鹰”的机载任务系统。地面控制站将在第四章中详细论述。

3.1　综合传感器系统

“全球鹰”的综合传感器系统为一套集成的传感器组件，主要用于为战地指挥官提供高分辨率、近实时的图像，以便根据战场态势情况进行决策。“全球鹰”装备的是由雷神公司研制的综合传感器系统，包括位于机头下方的组合式电光／红外传感器，加上其后方的 I/J 波段合成孔径雷达。它通过卫星通信系统与地面控制站（GCS）相链接。其中红外传感器是在 AN/AAQ-16B 直升机红外传感器系统的基础上改进的，雷达采用休斯公司海萨（HISAR）商用侦察系统的成品硬件。

综合传感器系统采用综合化设计，部分共享硬件设备，包括传感器电子设备（SEU）、综合传感器处理器（ISP）和配电设备。其最大的特点是，取代了单件侦察设备，传感器系统整体重量更轻、体积更小、性能更高，操作人员可根据任务需要选择雷达、红外和可见光波长图像以及同时使用雷达和其他两种传感器之中任何一个传感器。“全球鹰”综合传感器系统的组成部分如图 3-1 所示。

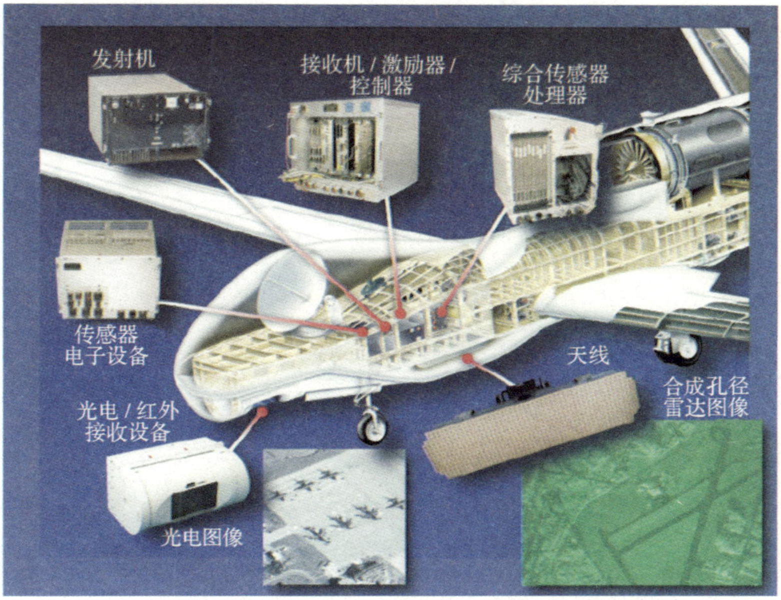

图 3—1 “全球鹰”综合传感器系统

3.1.1 光电／红外传感器

“全球鹰”装备的光电／红外传感器（见图 3—2）主要用于获取可见光波段和中波红外波段的图像。它包括一个可见光凝视型焦平面阵列和一个中波红外凝视型焦平面阵列，两者共用一个框架，使用相同的光学器件。光组为卡塞格伦反射器，孔径为 0.28m，焦距为 1.75m。其中，光电传感器为柯达公司生产的 KAI—1010 CCD（电荷耦合器件）日光电视摄像机，其主要优点是体积小、重量轻、功耗低、灵敏度高、抗冲击振动和寿命长，这使它在无

图 3—2 “全球鹰”装备的光电／红外传感器

人机中日益获得广泛应用，在昼间图像情报探测设备中占统治地位。CCD 电视摄像机不仅用于监视、侦察和获取实时图像情报任务，而且用于辅助地面操作员遥控驾驶。它的缺点是只能在白天工作。

由于“全球鹰”光电系统采用的探测器阵列规模比较小，为了用较小的探测器阵列同时满足分辨率和广域搜索幅宽这两个相互矛盾的要求，采用了所谓步进凝视成像的技术。这实际上是一种推扫技术，即光学系统以不连续的小角度增量进行扫描，在每个固定的位置驻留数毫秒，然后步进到下个位置。这样生成的图像近实时下传到地面站后经过解压缩、调制传递函数修正，以及图像拼接后可形成较大的聚束或搜索图像。由于每帧驻留的时间较长，其信噪比要高于线扫探测器阵列。

通过采用该技术，“全球鹰”可见光传感器在广域搜索模式下最低俯角可达 30°，可对“全球鹰”航路两侧 18 ～ 28km 内的目标进行搜索。而在其他模式如聚束模式下，最低俯角为 45°，可对航路两侧 20km 内的目标进行高分辨率成像。

“全球鹰”装备的红外传感器为第三代红外传感器，是在 AN/AAQ-16B 直升机红外传感器系统的基础上改进而来的，采用了锑化铟 640×480 像元中波红外凝视焦平面阵列，工作波段为 3.6 ～ 5.0μm，像元尺寸为 20μm，可进行夜间照相侦察和监视。这种全固态红外成像器不仅体积小、重量轻、可靠性好，而且凝视扫描比扫视具有更高的灵敏度和分辨率以及更远的作用距离。它和光电传感器组合，能提供高分辨率的昼夜图像。“全球鹰”光电／红外传感器的详细设计参数、性能及物理指标见表 3-1。

表 3-1　“全球鹰”光电 / 红外传感器技术参数

	可见光	红外
传感器设计参数		
光组	卡塞格伦反射器	
孔径	0.28m（11in[①]）	
焦距	1.75m（69in）	

① 1in=25.4mm。

续表 3-1

	可见光		红外	
探测器	采用 Kodak KAI-1010 CCD 的 Basler A201b 工业摄像机		锑化铟中波红外凝视焦平面阵列雷神公司产品	
阵列规模	1018×1008		640×480	
像元尺寸	9μm		20μm	
帧频	30Hz			
波长	0.55 ~ 0.8μm		3.7 ~ 5.05μm	
像元瞬时视场	5.1μrad		11.4μrad	
阵列视场	0.3° ×0.3° (5.1mrad×5.2mrad)		0.3° ×0.4° (5.5mrad×7.3mrad)	
能视域	方位 75° ~ 105° 和 255° ~ 285°，滚转 ±80°，俯仰 ±15°			
传感器性能				
模式	聚束	广域搜索	聚束	广域搜索
分辨率	斜距 28km、俯角 45° 时 NIIRS 6.9	在规定的面积覆盖率下 NIIRS 6.1	斜距 28km、俯角 45° 时 NIIRS 5.7	在规定的面积覆盖率下 NIIRS 5.1
成像尺寸	2km×2km	条带宽度 10km	2km×2km	条带宽度 10km
覆盖能力	>1900 点 / 天	138000km²/ 天	>1900 点 / 天	138000km²/ 天
传感器物理指标				
重量	132kg			
空间尺寸	0.357m³			
平均功率	995W			

反映可见光 / 红外传感器性能的主要指标是 NIIRS 级别、广域搜索面积覆盖率，以及地理定位精度等。对照可见光和红外载荷 NIIRS 分级表，“全球鹰”光电 / 红外侦察载荷的任务能力见表 3-2。

表 3-2 “全球鹰”光电 / 红外传感器任务能力

	可以完成的任务	不能完成的任务
可见光传感器	（1）辨认小型或中型直升机的型号； （2）辨认预警 / 地面控制拦截 / 目标截获雷达天线的形状为抛物面、切尖抛物面，还是矩形； （3）辨别中型卡车上的备胎； （4）辨别 SA-6、SA-11 和 SA-17 导弹弹体； （5）辨认“光荣”级舰艇上 SA-N-6 导弹垂直发射器的每一个顶盖； （6）辨认轿车和加长旅行车	（1）辨认战斗机大小飞机（如米格 -29、米格 -25）上的附件和整流罩； （2）辨认电子设备车上的舱门、梯子和通风口； （3）发现反坦克导弹的安装支座； （4）发现Ⅲ-F，Ⅲ-G 和Ⅲ-H 型发射井和Ⅲ-X 型发射控制井顶盖的铰接机构细节； （5）辨认“基洛夫”级、“喀拉”级和“克里瓦克”级舰艇上火箭式深水炸弹发射器的每根发射管； （6）辨认铁轨上的各个轨枕

续表 3–2

	可以完成的任务	不能完成的任务
红外传感器	(1) 区分单垂尾和双垂尾战斗机； (2) 识别大型（约 75m）无线电中继塔的金属栅格结构； (3) 发现堑壕内的装甲车辆； (4) 发现 SA–10 阵地内的升降式雷达天线车； (5) 识别大型（如大于 200m）商船烟囱的形状（如方形、圆形、椭圆形等）； (6) 识别室外网球场	(1) 发现大型轰炸机机翼上的吊挂物（如反舰导弹、炸弹等）； (2) 区分热车状态的坦克和装甲人员运输车； (3) 根据天线形式和间距区分 FIX FOUR 和 FIX SIX 阵地； (4) 区分 2 轨和 4 轨 SA–3 发射架； (5) 识别潜艇上的导弹发射筒顶盖； (6) 识别内燃机车上处于热车状态的发动机排气口

光电 / 红外传感器获得的数据可通过卫星通信或微波中继通信以 50Mb/s 的速度实时传输到地面站，信息经过处理后再由地面站操作人员分发到战场作战人员或指挥官等多个终端用户。

3.1.2 合成孔径雷达

合成孔径雷达是利用与目标作相对运动的小孔径天线并采用相应的信号处理获得高方位分辨率的相干成像雷达，亦称综合孔径雷达。一般以飞机、卫星或其他运动体为运载平台，天线通常安装在飞机或空间飞行器的两侧，其波束指向通常采用正侧视方式，又称合成孔径侧视雷达。

“全球鹰”装备的合成孔径雷达是原休斯公司高清晰度成像合成孔径雷达海萨商用侦察系统的成品硬件，被命名为海萨 2K，如图 3–3 所示。该雷达重

图 3–3 “全球鹰”装备的合成孔径雷达

290kg，在 X 波段工作，具有一个 600MHz、3.5kW 峰值功率的地面活动目标指示器，能同时与光电传感器或者红外传感器一起工作，全天时、全天候提供地面静止和运动目标的位置、移动速度和方位等信息，进行大范围的态势判定及威胁评估、定位和轰炸毁伤评估。

海萨主要由信号/数据处理器、接收机/激励器/控制器、发射机、天线/万向节组成，并通过增压空气和自由空气进行冷却。雷达天线安装在万向支架上，可在“全球鹰”的任意一侧 ±45° 范围内进行扫描。海萨在工作时，脉冲信号以直接数字合成的方式转换为线性调频波形，然后由行波管发射机放大。接收器端采用去斜接收体制将反射回来的宽带聚束波形和常规线性调频波形进行转换。综合传感器处理器负责实时处理成像与目标指示信息，并将数据转换为统一格式通过数据链传送到地面站。合成孔径雷达地面活动目标指示模式使用两个单脉冲天线频道，有效改善了角度计算精度和对低速运动目标的侦察效果。

“全球鹰”的合成孔径雷达拥有以下 4 种工作模式。

（1）聚束工作模式：探测距离为 20 ~ 200km，聚束扫描的点目标面积为 2km × 2km，天线视角为 ±45°，图像分辨率为 0.3m。扫描覆盖速率为 79 点/h（1900 点/天）。

(2) 广域搜索模式：探测距离为 20 ~ 200km，扫描条带宽度 10km，分辨率为 1m，对目标扫描覆盖速率为 5750km^2/h，即 138000km^2/天。这相当于“全球鹰”24h 就可以对整个朝鲜（朝鲜面积为 122314km^2）扫描一遍，或者扫描伊拉克本土（伊拉克面积为 444442km^2）的 1/3。

（3）对地活动目标探测模式：探测距离为 20 ~ 200km，分辨率为 10m，扫描速度为 15000km^2/天，运动速度最慢为 7.4km/h 的地面目标都可探测出来。

（4）高距离分辨率/动目标成像模式：探测距离为 20 ~ 200km，分辨率为 0.3m，扫描条带宽度为 800m，可探测的目标最小速度为 22km/h。

“全球鹰”的雷达图像数据先在机上进行处理，然后再以压缩或非压缩的方式发送到地面。图像压缩处理算法采用 JPEG 算法，且所有的图像都采用

NITFS2.0 格式传送。

3.1.3 综合传感器系统的升级换代

从 Block 20 开始，“全球鹰”将综合传感器系统升级为雷神公司研制的增强型综合传感器系统。增强型综合传感器系统通过安装精密光学望远镜和应用实时焦点控制技术以及提高合成孔径雷达的发射机功率和安装更大的天线，使得光电／红外传感器和合成孔径雷达／地面活动目标指示器（SAR/GMTI）的工作范围相对于综合传感器系统提高了 50%。

从 Block 30 开始，“全球鹰”传感器系统增加了机载信号情报任务载荷（ASIP）。ASIP 项目始于 2003 年，是美国空军升级“全球鹰”无人机情报、监视与侦察能力计划的一部分，用于从至少 18300m 高空探测雷达和其他电子辐射源，提供对电子信号的自动搜索、探测、识别、处理、报告和定位的能力。其目标是开发和集成高波段电子情报和低波段通信情报系统。诺斯罗普·格鲁门公司是项目开发的主承包商，负责开发 ASIP 高波段系统以及高、低波段系统的综合；雷神公司情报与信息系统分部负责开发低波段系统的大部分设备。

ASIP 的部分传感器装置可以追溯到联合信号情报航空电子系列（JSAF）项目，它是由美国国防部于 1996 年启动的。该计划由于在低波段子系统(LBSS)研制工作中遇阻而被 ASIP 计划所取代。尽管 JSAF 计划失败，但该计划研制出来的高波段子系统是有效的。

ASIP 的高波段子系统以 JSAF 项目高波段子系统的研发成果为基础，其核心是一个独特的宽带、信道化电子情报接收机，可监视很宽的频谱范围，而不像其他信号情报接收机那样需要依次快速扫过若干较窄的频谱范围。ASIP 的高波段子系统研制工作于 2006 年 1 月完成，以高波段系统生产型结构单元（HBS PCU）装载于“全球鹰”无人机上进行了试飞。HBS PCU 是 ASIP 的一个关键子系统，它将与美国空军的分布式通用地面站系统综合应用。

ASIP 的低波段子系统研制工作也进展顺利，早在 2004 年就完成了系统需求评审、系统设计评审和初始设计评审。2006 年 7 月，第一个 ASIP 系统进入验收试验阶段，美国空军计划于 2012 年装备“全球鹰”。全套 ASIP 系统有 6 ~ 7 个机箱，每个机箱平均重量约为 45kg，载荷总重为 272 ~ 318kg（不计天线）。

从 Block 40 开始，“全球鹰”计划装备由诺斯罗普·格鲁门公司研发的多平台雷达技术插入计划（MP-RTIP）雷达替代增强型综合传感器系统。MP-RTIP 雷达是防御弹道导弹的必要装备，是美国未来监视能力的重要组成部分。它是一种先进的空面／空空 X 波段雷达，具有远程高分辨率合成孔径雷达能力、地面活动目标指示能力和空中目标跟踪能力，可进行作战目标识别、时敏目标瞄准与跟踪、连续精确监视、为战场指挥官提供重要的态势感知。该雷达的优势表现在：分辨率更高；能够同时在合成孔径雷达和活动目标指示模式下工作；能够进行机载及地面目标跟踪；提供了三维机载动目标指示来支持巡航导弹防御、活动目标模式下能够自动跟踪。图 3-4 为 MP-RTIP 雷达空中拍摄的加利福尼亚州南部的一座死火山山口。

MP-RTIP 雷达使用有源电扫描阵列（AESA），在方位和高度方向均为电子扫描，通过 180° 机械旋转覆盖飞机的两侧弦，天线尺寸为 0.45m × 1.5m，它将与“全球鹰”无人机以及地面站综合，以支持空地雷达任务。MP-RTIP 雷达可根据作战需求进行升级，如采用较大的阵列探测、瞄准低速的隐身巡航导弹；采用较小的阵列探测飞机这样的大型运动目标。

图 3-4 MP-RTIP 雷达拍摄的火山口图像

2007 年 7 月，携载 MP-RTIP 的“全球鹰”完成了试飞。首套装备 MP-RTIP 的“全球鹰”无人机有望在 2011 年部署，届时 MP-RTIP 将成为“全球鹰”上唯一的情报、监视与侦察传感器。

3.2 飞行控制系统

飞行控制系统在无人机上的功能主要有两个：一是飞行控制，即无人机在空中保持飞行姿态与航迹的稳定，以及按地面无线电遥控指令或者预先设定好的高度、航线、航向、姿态角等改变飞机姿态与航迹，保证飞机的稳定飞行，即通常所谓的自动驾驶；二是飞行管理，即完成飞行状态参数采集、导航计算、遥测数据传送、故障诊断处理、应急情况处理、任务设备的控制与管理等工作。

"全球鹰"无人机上装备的是双余度飞行控制系统。无人机上的一系列导航和飞行数据传感器将操纵信号以数据的形式输送给两台飞行控制计算机，然后由该计算机来操纵飞行控制系统完成无人机的飞行动作。通过采用 GPS/INS，"全球鹰"的飞行控制系统可以自动控制从起飞到着陆的整个飞行过程，自主飞行时间最长可达 41h，足可完成跨洲际飞行。

"全球鹰"飞行控制系统的双余度设计带有交叉链接和冗余管理，为系统提供了两套能完成给定功能的单元，只有当两套单元都发生故障时系统才会丧失功能，可确保无人机在一个单点故障下的生存性。例如，副翼、方向舵、升降舵和扰流片都被分为两个相同的独立部分，每一个部分都被两台飞行控制计算机中的一台操纵，并由专用的作动器驱动。当一个系统发生故障时，一个操纵面会锁在某个位置停止，这时飞行控制系统利用控制冗余，可以自主调节，保持对飞机的控制，使飞机继续稳定飞行。交叉链接的飞行控制系统和双余度控制的余度设计为"全球鹰"提供了高可靠性，可保证任务损失率小于 1/605。

"全球鹰"的飞行管理系统采用霍尼韦尔公司的 BG1232 综合飞行管理系统。综合任务管理计算机（IMMC）由美国维斯塔控制公司开发，每架飞机装有两台综合任务管理计算机，内装飞行管理软件对导航、飞行控制系统进行管理。该系统是飞行控制和导航单元的一个分支，每一架"全球鹰"无人机装有两台任务管理计算机，分别经由硬件接口控制内侧和外侧的飞行控制传动装置，它们同时控制飞机时，不分主从。两台计算机通过接口单元连接到一起，它们都可以通过相应的接口获取来自大气数据传感器、惯性测量装置及导航计算机的数据。同时，两台计算机之间也可通过跨通道数据链（CCDL）传输传感器数据。

“全球鹰”的综合任务管理计算机通过 MIL-STD-1553B 总线、RS-422 与 RS-232 串行接口、ARINC-429 接口及一系列 I/O 接口与无人机其他部件进行数据通信，实施飞行控制及机上子系统的管理。综合任务管理计算机尽量按军用环境要求移植商用的现成技术，符合任务航迹规划对环境的严格要求。

“全球鹰”飞行控制和导航单元均采用欧洲通用模块数据总线，加上 GPS 接收机、惯性测量装置接口以及控制和测试设备的输入／输出组成一个单独的组件，从而满足廉价、开放式结构体系，以及导航、制导和飞行控制一体化的要求。图 3-5 为“全球鹰”装备的综合任务管理计算机。

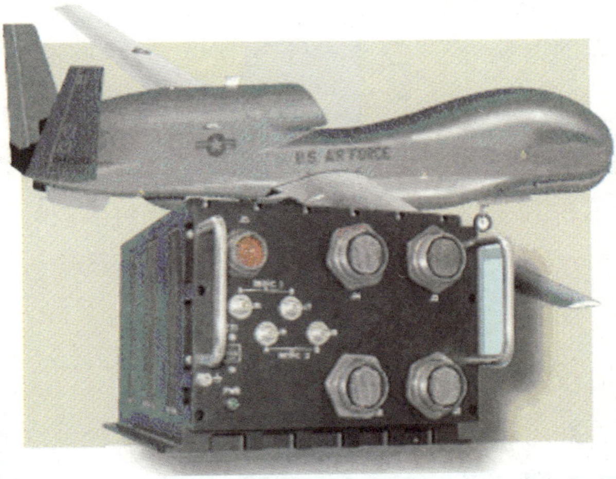

图 3-5 “全球鹰”装备的综合任务管理计算机

3.3 导航系统

无人机导航系统目前广泛采用 GPS 辅助 INS 的组合导航系统（GPS/INS）。INS 是一种不依赖于外部信息，也不向外部辐射能量的自主式导航系统，其工作环境不仅包括空中、地面，还可以在水下。INS 的基本工作原理是以牛顿力学定律为基础，通过测量载体在惯性参考系的加速度，将它对时间进行积分，并把它变换到导航坐标系中，从而得到在导航坐标系中的速度、偏航角和位置等信息。GPS 又称全球定位系统，是一个中距离圆形轨道卫星导航系统，结合卫星及通信技术，利用导航卫星进行测时和测距。

“全球鹰”采用 GPS/INS 来进行自动导航，能自动完成从起飞到着陆的整个飞行过程。“全球鹰”的导航系统具有以下 4 个主要设计目标：

（1）能够在国家空域系统（NAS）内进行导航；

（2）可提供足够的导航精度，使无人机能自主滑跑、起飞和着陆；

（3）在 20kn 平均侧风分量条件下，能够在长 1500m 左右、宽 30m 左右的跑道上自主降落；

（4）假定一次任务执行时间为 42h，满足飞机损失率小于 1/200 的设计目标。

早期的“全球鹰”（ACTD/EMD 阶段与 LRIP 型）导航系统采用的是基尔福特公司研发的 KN-4072 数字式 GPS/INS 系统，后来升级为利顿公司（该公司在 2001 年被诺斯罗普·格鲁门公司收购）的 LN-100G 嵌入式 GPS/INS 和 LN-200 光纤惯性测量装置，它们与机载大气数据系统、无线电高度表、数据链接收机、导航管理系统以及飞行控制计算机一起构成了“全球鹰”的导航系统。

3.3.1 LN-100G

LN-100G 是一种 GPS/INS，由一个具有 3 个零锁激光陀螺（ZLG）的传感器组件、一个 A-4 加速度计组件和 5 个具有 2 个剩余插槽的电子组件组成，所有这些装置都安装在如图 3-6 所示的封装内。

LN-100G 通常用于数字和模拟同步输出，采用 MIL-STD-1553B、ARINC-429 及 RS-422 标准总线，也可根据实际应用使用多种标准总线用于模拟输出。

LN-100G 可提供 3 种同步导航模式：GPS/INS 组合、自由惯导和 GPS。它采用全视野 GPS（包括精确定位服务（PPS）和标准定位服务（SPS））及实时动态算法，可提供联合精确进场导引和着陆系统（JPALS）能力。LN-100G 针对不同的差分 GPS 接收机有多种编码选择，包括 P（Y）码、C/A 码、RF 和 IF。电子组件上的剩余插槽可用于增加额外的模拟输入输出模块、ARINC 接口和其他扩展模块。LN-100G 的性能指标见表 3-3。

图 3-6　LN-100G 嵌入式 GPS/INS

表 3-3　LN-100G 的性能指标

<table>
<tr><th colspan="3">性能指标</th></tr>
<tr><td>位置测量</td><td>仅 INS</td><td>GPS/INS 组合</td></tr>
<tr><td>4min GC 校准</td><td>1.48km/h 或 1.11km/h</td><td>7m CEP</td></tr>
<tr><td>4+4min EIA 校准</td><td>0.93km/h</td><td>7m CEP</td></tr>
<tr><td>GPS 丢失后</td><td></td><td>120m/20min</td></tr>
<tr><td>每轴速度（均方根值）</td><td>0.8m/s</td><td>0.008m/s</td></tr>
<tr><td>姿态（俯仰、滚转、方位）（均方根值）</td><td>0.05°</td><td>0.02°</td></tr>
<tr><th colspan="3">技术特性</th></tr>
<tr><td rowspan="5">工作范围</td><td>加速度</td><td>16g（所有轴向）</td></tr>
<tr><td>姿态（所有轴向）</td><td>无限制</td></tr>
<tr><td>RS422</td><td>标准数字格式</td></tr>
<tr><td>滚转、俯仰、方位速度</td><td>>400（°）/s</td></tr>
<tr><td>滚转、俯仰、方位加速度</td><td>>1500（°）/s²</td></tr>
</table>

续表 3–3

技术特性		
输出	数字	2 个双 MIL–STD–1553B/RS–422/ARINC 429
	模拟（俯仰、滚转、前向）	3 线或 2 线同步
	备选	距离 / 方位
GPS 接收机（PPS 或 SPS）	使用频率	L1/L2
	反电子欺骗 / 增强	P（Y）编码 / 接收机
	抗干扰	辅助
	通道	12 个或全向
校准间隔		无预定校准要求
使用寿命		20 年以上 /8100h（AUF）
技术特征		
惯导部件尺寸		27.9cm × 17.8cm × 17.8cm
惯导部件重量		9.8kg
底座尺寸		34.8cm × 18.3cm × 1.9cm
底座重量		1.1kg
运行功率		37.5W（直流 28V）
冷却		自然对流空气冷却
高度		–640.08m ~ 21336m 2 级（2X 可选）
温度		–54 ~ 71℃
振动（随机）		过载 8.1 均方根值
振动（正弦）		过载 ±5 正弦，5 ~ 2000Hz
冲击		过载 21，40ms
环境要求		根据 MIL–STD–810C
噪声		140dB
寿命 / 平均故障间隔时间		14400h（AIC）
维护		2 级扩展机内自检测；不需要飞行线测试设备

3.3.2 LN–200

LN–200 惯性测量装置采用 3 个固态的光纤陀螺和 3 个微型固态硅加速度计以测量飞行器角速度和线性加速度。该装置通过采用气密设计，并将内部零部件予以固化，使得其成本低、可靠性高、尺寸小、重量轻、使用寿命更长。LN–200 的外观与内部构成如图 3–7 和图 3–8 所示。LN–200 的性能指标见表 3–4。

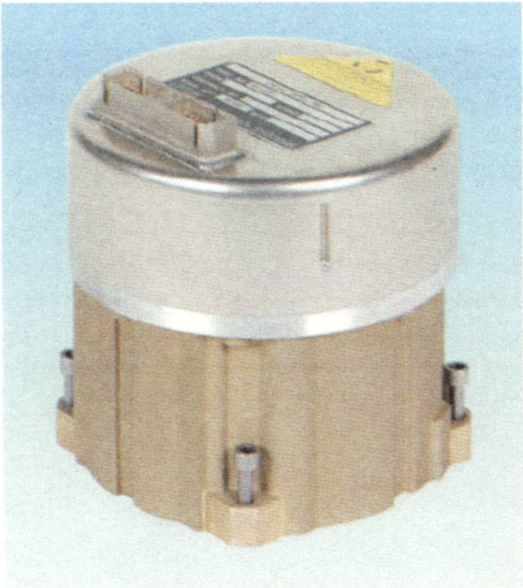

图 3–7　LN–200 光纤惯性测量装置外观图

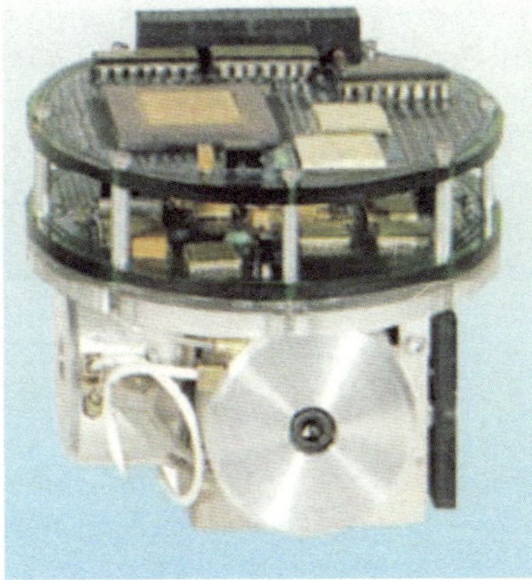

图 3–8　LN–200 光纤惯性测量装置内部图

表 3–4　LN–200 的性能指标

物理特征	
重量	< 750g
尺寸	直径 8.9cm，高 8.5cm（加上连接器）
标称功率	12W（稳态）
冷却	传导至安装底盘
加速度计性能	
基线可重复性	300μg ~ 3.0 mg，1σ
比例因子精度	300 ~ 5000 ppm[①]，1σ
陀螺性能	
基线可重复性	1 ~ 10(°)/h，1σ
比例因子精度	100 ~ 500 ppm，1σ
随机漂移	0.07° ~ 0.15°；功率谱密度（PSD）级
工作范围	
角速度	±11459(°)/s
角加速度	±100000(°)/s^2
过载	> 70
角姿态	不限制
平均故障间隔时间	> 20000h
输入／输出	RS–485 串行数据总线 (SDLC)

① 1ppm=1×10^{-6}。

续表 3-4

环境	
温度	−54 ~ +71℃（连续工作）
振动	过载 15（均方根值），任何带宽内不超过 0.114g^2/Hz 的功率谱密度（PSD）下 20 ~ 20000 Hz
冲击	过载 90，6ms；极限锯齿波

3.4 机载通信系统

“全球鹰”的机载通信系统是由 L−3 通信公司开发的综合通信系统（ICS），主要用于飞机与地面、飞机与飞机之间的相互通信。该系统可为“全球鹰”提供 5 条通信数据链，即 UHF 视距通信数据链、UHF 卫星通信数据链、Ku 波段卫星通信数据链、CDL 和国际海事卫星（INMARSAT）通信数据链。ICS 的核心是通用机载调制解调组件（CAMA）。其中，高速 Ku 波段卫星通信数据链由一个具有自动捕获能力的直径为 1.2m 的装在机头上部天线罩内的三轴可操纵碟形天线、大功率放大器（HPA）、高压电源（HVPS）和卫星通信射频放大器（SCRFA）组成；高速 CDL 由视距射频放大器（RFA）和直径为 0.23m 的碟形天线组成；低速 UHF 卫星 / 视距数据链由 UHF 接收机 / 发射机（RX/TX）、UHF 功率放大器（PA）、低噪声放大器（LNA）/ 双工器和分别设在发动机短舱顶部的“蝙蝠翼”天线 / 左侧机翼下部的叶片天线组成。机载 L−3 通信系统与 L−3 地面终端和卫星终端搭配，可为“全球鹰”提供全套的视距和卫星通信能力。图 3−9 展示了“全球鹰”机载通信系统中各组件的关系。

“全球鹰”的机载通信系统 ICS 总重 170kg、总功率为 3800W 左右。CAMA、LOS RFA、SATCOM HPA 和 HVPS 可以进行液冷，CAMA 还具有自主液冷功能。ICS 工作温度在 −54 ~ +60℃之间，工作高度为海平面至 21300m 左右。ICS 的主要特征参数见表 3−5。

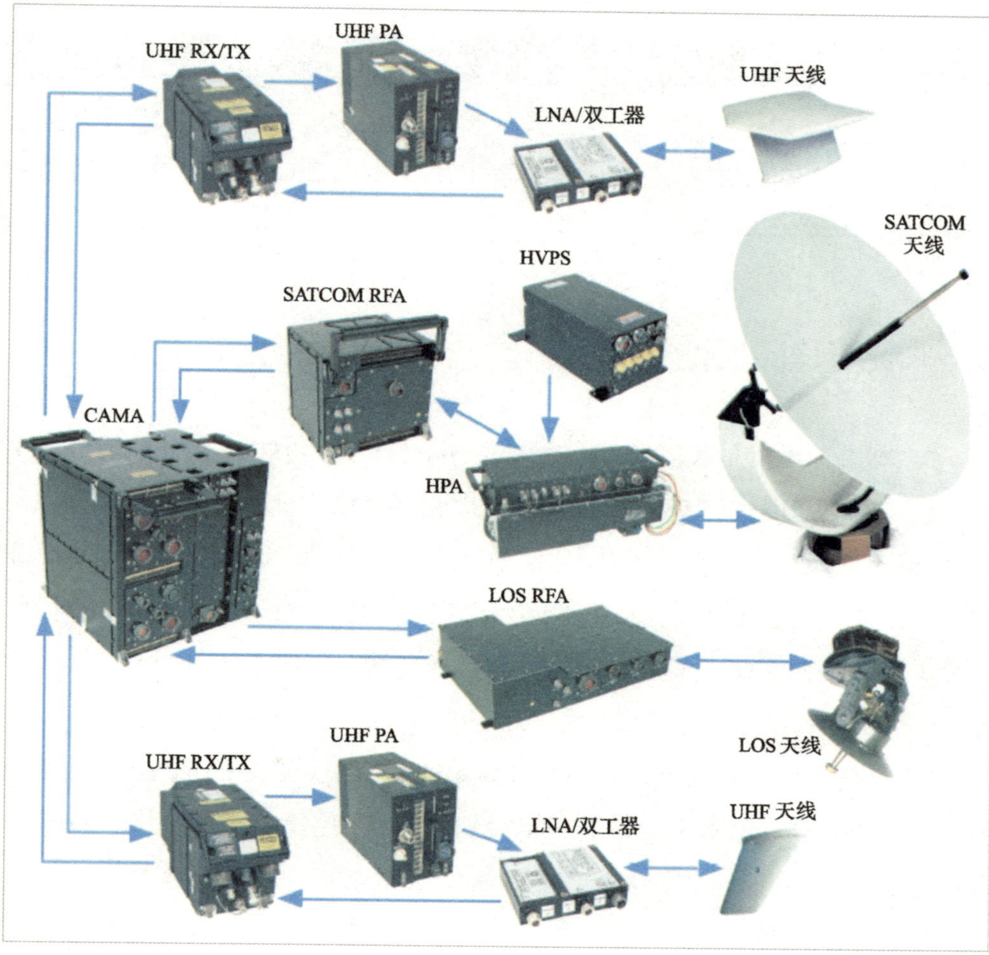

图 3–9 “全球鹰”的机载通信系统

表 3–5 ICS 主要特征参数表

	长 /cm	宽 /cm	高 /cm	重量 /kg	功率 /W
CAMA	43.7	42.7	48.8	38.6	310
SATCOM RFA	41.1	26.4	30.2	11.8	78
HVPS	47.5	25.9	19.6	18.1	1800
HPA	57.2	26.4	23.6	25.4	33
SATCOM 天线	138.7	124	124	20.9	35
LOS RFA	53.8	35.6	13.2	15.9	495
LOS 天线	37.1	25.9	25.9	4.1	7
UHF RX/TX	24.9	12.7	14.2	5.9	150

续表 3-5

	长 /cm	宽 /cm	高 /cm	重量 /kg	功率 /W
UHF PA	25.4	12.7	17.8	6.4	700
UHF LNA/双工器	15.2	13.7	3	1.4	7
UHF SATCOM 天线	40.4	33	21.3	3.6	

3.5　防御辅助系统

“全球鹰”虽然是目前世界上最先进的高空无人侦察机，但它也有一些美中不足：巡航速度只有 636km/h，难以逃脱高速战斗机的追击；只适当采用了隐身设计方法，没有对主要雷达散射特性进行改善，因此喷气发动机工作时仍会产生一定的红外辐射信号，难免会留下“尾巴”。正因为如此，“全球鹰”采用了防御辅助系统，使其在面临敌方导弹威胁时能够自动进行机动，作为最后一道防线和措施来保证飞机获得足够的生存能力。

“全球鹰”防御辅助系统包括雷神公司的 AN/ALR-89（V）雷达告警接收机、AN/ALE-50 拖曳雷达诱饵以及诺斯罗普·格鲁门公司的 LR-100 告警与监视系统。

3.5.1　AN/ALR-89（V）

AN/ALR-89（V）是一种针对雷达和激光威胁进行探测和告警的机载自防护系统。整个系统由 3 个可以独立工作的子系统组成。

(1) AN/ALR-90（V）脉冲雷达告警接收机，用来探测 C ~ J 波段(0.5 ~ 20GHz）的传统脉冲雷达；

(2) AN/APR-49（V）超外差雷达告警接收机，用来探测 H ~ J 波段(6 ~ 20GHz）的现代脉冲和非脉冲雷达；

(3) AN/AVR-3（V）激光告警系统，用来探测激光辐射。

3 个子系统探测到的威胁信号经各自的分析器进行处理后，输送给脉冲分析器。脉冲分析器将 3 个子系统输入的数据综合成一个共同威胁文件，以字母形式将威胁类型、到达角、威胁的相对致命性和状态，显示在 7.62cm（3in）的显示器上。操作员可根据显示的信息，确定威胁的类型、方向和应采取的对抗措施。除显示外，探测到的威胁参数还能记录在内部存储器中，供任务完成后分析用；声音告警信号也能通过机内通信系统为操作员提供威胁警报；系统内的自检测系统也能为操作员提供系统状态的全部诊断。AN/ALR-89（V）的性能参数见表 3-6。

表 3-6 AN/ALR-89（V）性能参数

探测波段	C ~ J 波段，可扩展（雷达），2 ~ 3 个激光波段（激光）
覆盖空域	方位 360°（4 个激光传感器）
总重量	约 13kg（包括所有子系统、天线、显示器和控制装置）

3.5.2 AN/ALE-50

AN/ALE-50 拖曳诱饵系统是一种机载电子对抗系统，由雷神公司太空和机载系统分部开发。AN/ALE-50 系统包括一套发射 / 控制装置（L/C）和可消耗性诱饵。诱饵安装于密封的金属容器内，保存期限长达 10 年。使用时，诱饵由施放机释放和拖曳于其后，由此将雷达制导导弹诱导至诱饵而远离施放机，以保护施放机不受攻击。测试和实战经验显示，AN/ALE-50 可有效欺骗各国现役的防空导弹和空空导弹。AN/ALE-50 已广泛运用于美国空军、海军和海军陆战队各型战机，除“全球鹰”外，还包括 F-16、F/A-18E/F、B-1B 等。图 3-10 为 AN/ALE-50 针对不同机型的配置情况。

3.5.3 LR-100

“全球鹰”从 Block 20 开始搭载 LR-100 告警与监视系统，它是一种轻型雷达波段信号接收机，由诺斯罗普·格鲁门公司研发。该接收机在一个系统中提供精确雷达告警、电子战支援侦察和电子监视功能，而系统总重量不超过 27kg（包括接收机、天线、电缆和托架）。LR-100 是一个完整

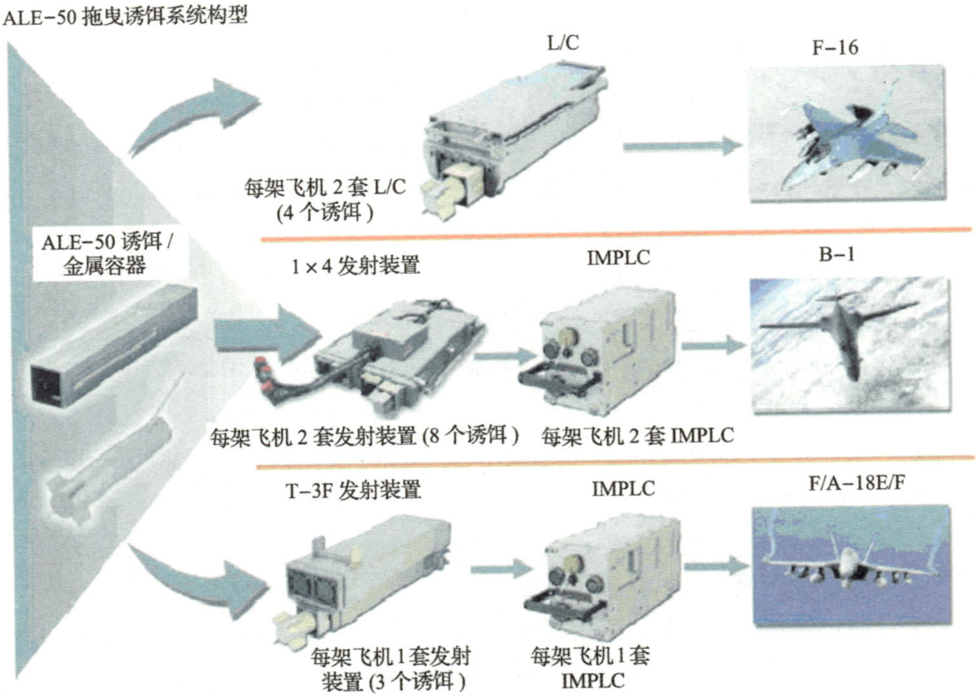

图 3-10　AN/ALE-50 的配置方式组合

的双信道干涉仪接收机，采用欧洲通用模块处理机，系统在天线上引入相位和幅度校准信号，从而实现精确的角度和位置测量。辐射源识别和定位信息，包括到达角、位置、频率、脉冲重复频率和脉冲宽度等参数以数字方式传输到平台上，用于告警、显示、分析和记录。唯一需要的支持设备就是兼容 Windows 的个人计算机。有关的帮助文件和维修操作文件编制在基于 Windows 的软件中，用户自定义的系统功能和识别参数可在同一软件中编程。诺斯罗普·格鲁门公司的这种软件可在地面控制站中通过数据链以图形方式显示这些信息。在特定的接收模式或直接调谐时，可以实时地对 LR-100 进行修改。

LR-100 的开放式结构支持多种接口（RS-422、RW-232、MIL-STD-1553B 和以太网）。接收机可与各种天线一起工作，采用幅度测向，测向精度小于 15°；采用干涉仪测向，测向精度小于 1°。图 3-11 为该设备的外形图。

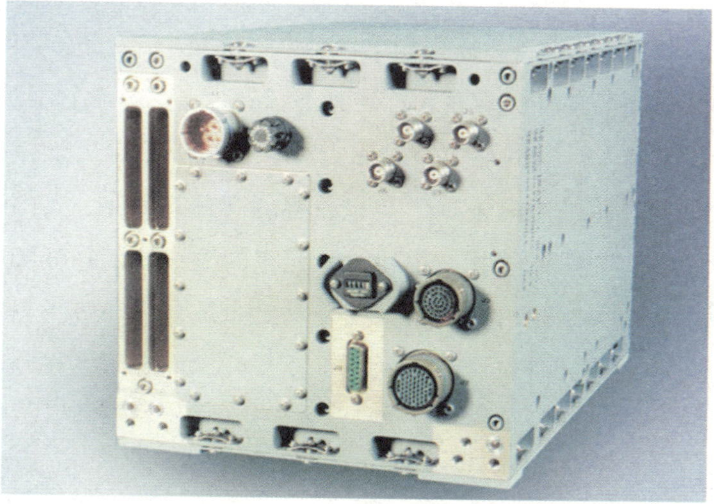

图 3—11　LR—100 告警与监视系统

3.6　其他设备

除以上主要系统设备外,“全球鹰”无人机还装备有机载通信节点（ACN）中继通信设备、传感器管理单元（SMU）等设备。

3.6.1　ACN 中继通信设备

当美军需要“全球鹰”无人机执行通信中继任务时，将合成孔径雷达和光电／红外传感器卸下，换装 ACN 中继通信设备，“全球鹰”就成为保障作战和通信畅通的中继平台。

ACN 是 DARPA 的一项研究计划成果，该计划的主要目的是研制出一种能装载于各种空中平台的模块化通信载荷,首选装机对象为“全球鹰”无人机。ACN 最大的优点是在己方通信基础设施投入使用之前，就可以提供通信能力，从而极大地改善战区指挥通信能力。

ACN 设备重 408kg，功率为 6kW，可以中继 VHF/UHF 频段的无线电通信信号，可以为手持式终端提供语音和数据通信服务，并可以为采用各种波形的电台提供无缝的互操作能力。当“全球鹰”在 19000m 的高度飞行时，其通信范围为半径达 110 ~ 433km 的区域。

美军打算将 ACN 设备的体积和重量再进一步缩小，使它在装上“全球鹰”无人机时不必拆下其他任务设备，能与其他任务设备“共存”。目前，美军认为将 ACN 装在无人机上的最大技术难点是，要解决机上由于存在多种无线电设备和天线而产生的电磁干扰／电磁兼容的问题。为此，美国 DARPA 采用的新技术主要有先进的干扰对消技术、先进的天线技术和低噪声多端口天线耦合器技术等，并研制出 SiC 功率放大器、SiGe 低噪声放大器和先进滤波器等。

3.6.2 SMU

由于“全球鹰”的传感器载荷升级频繁，为了减少升级传感器载荷对于整个系统的影响，“全球鹰”专门加装有 SMU（见图 3–12）。

加装 SMU 的目的是尽可能地采用开放系统标准和商用组网硬件来简化载荷集成，并让其作为美军现役各种 C^4ISR（指挥、控制、通信、计算机、情报、监视与侦察）系统的入口。它在为“全球鹰”通信数据链提供网络连接的同时，还可以作为传感器控制器将飞行关键系统与任务关键系统隔离开，并可提供远程访问动态传感器收集规划程序、图像存储及检索系统的能力。SMU 还提

图 3–12　SMU

供传感器控制和处理功能，自主传感器执行处理器和传感器交叉引导。另外，SMU 还可以作为传感器数据接入全球信息网格（GIG）的网关。

SMU 在与老式接口（如 MIL-STD-1553B、RS-422、ECL 和高速以太网）连接时可支持 Gbit 级的以太网和高速光纤通道连接，其基本作用相当于一个接口连接盒，连接不同的接口并建立路由。

SMU 是通过增强传感器接口的开放性和标准化实现这些功能的，它主要由通信数据链控制器（CLC）和任务管理单元（MMU）两部分组成，可将传统接口和协议转换成 TCP/IP。

（1）CLC

CLC（见图 3-13）的主要功能是成为任务系统网络化中枢，将升级前的传感器与通信设备组件连接在一起。CLC 主要包括通过以太网交换机连接在一起的 4 个处理器。各处理器均为商用货架产品 PowerPC 单板机。每个处理器模块中小框内标注的“PM”表示“个性化模块”，是符合 IEEE 1386.1 标准的子卡。每个 PM 提供在物理层连接特定任务载荷子系统的功能。传感器节点处理器的 PM 负责连接雷达传感器的 8 位并行接口，通信系统节点处理器负责连接机载 ICS 的 8 位并行接口，固态记录仪节点处理器负责连接固态

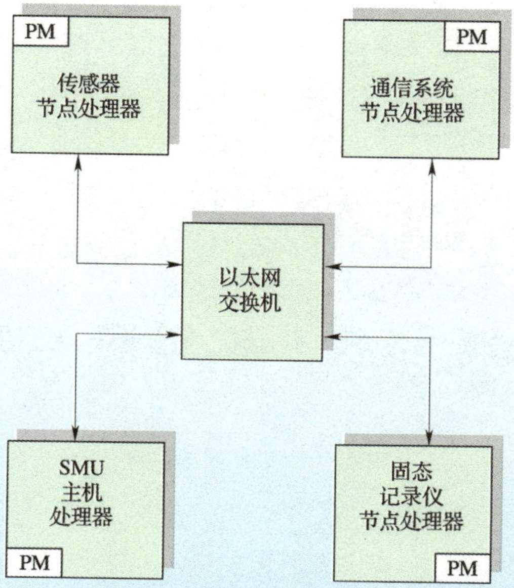

图 3-13　CLC 的基础架构

记录仪的光纤通道接口，SMU 主机处理器上的 PM 则拥有混合接口。

（2）MMU

MMU 主要提供增强的计算处理能力，包括数据压缩、雷达跟踪计算和远程载荷任务动态重新分配。如图 3-14 所示，MMU 带有 VME64 底板和插槽。VME64 底板上的 4 个插槽插有 3 台 Mercury 节点计算机和 1 台 Mercury 主机计算机，通过 Raceway ++ 交联线路连接，以综合应用这些计算机。2 个插槽用于插装 ACM（自动采集管理器）处理器。ACM 为“全球鹰”传感器的第三方用户提供远程登录飞机网关并制定传感器信息采集规划的能力。ACM 处理器采用了商用 Quad PowerPC 单板机，硬盘驱动器为商用固态存储板，可提供高达 10G 的存储容量，主要用于存储 ACM 完成飞行航线规划功能采集数据所需的数字地形正视图（DTED）数据。还有 2 个插槽备用。

Mercury 计算机主要用于大数据量计算处理，如：传感器数据融合、自动目标识别、传感器系统交叉引导、数据压缩和传感器数据格式化等。

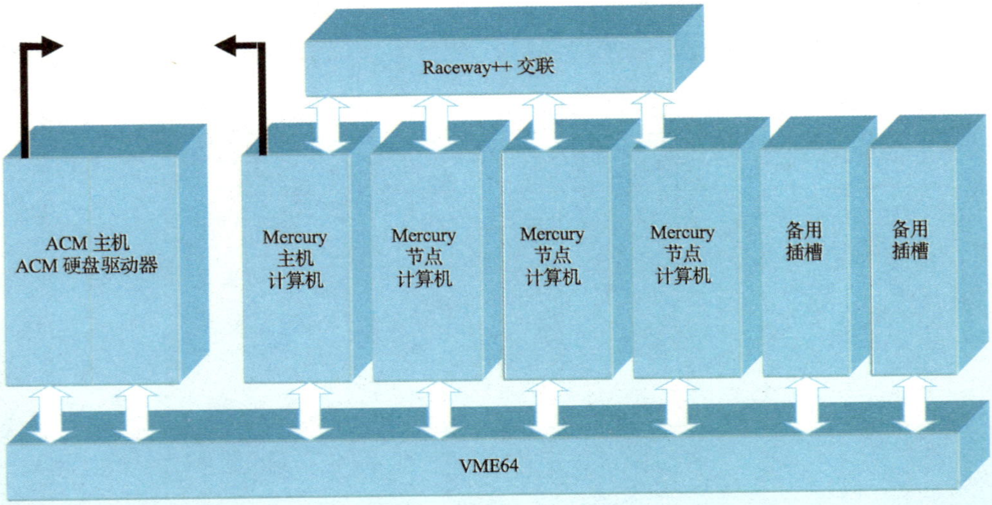

图 3-14 MMU 基础架构

第四章 “全球鹰”指挥控制系统

“全球鹰”是全球第一架具有自主控制功能的高空长航时无人机，是美国获取情报、监视与侦察信息的重要装备。它通过通信数据链能与美军现有的情报支援系统和指挥控制系统连接在一起，图像能直接实时地传送给指挥官使用，用于目标指示、预警和战斗评估。通信数据链与地面控制站一起构成指挥控制系统，成为“全球鹰”的作战指挥中心。

4.1 无人机数据链

数据链是采用无线通信设备和数据通信规程建立的数据通信网络。它采用无线网络通信技术和应用协议，包括一套通信协议（如频率协议、波形协议、链路与网络协议和保密标准）以及被交换信息的定义。无人机在执行作战使用任务时大多要求与地面控制站之间进行实时信息交换，这一过程主要采用数据链完成。

4.1.1 无人机数据链的主要任务

无人机数据链的主要任务有以下 3 个方面。

（1）对无人机及其机载设备远程控制

无人机在飞行过程中，飞行姿态、航迹以及机载任务设备的控制都需要通过地面控制站进行，这些功能通过一条从地面到无人机的上行链路（又称指挥链路）来实现。通常上行链路对数据传输速率要求较低，最多也就几百千比特每秒，但无论何时地面控制站请求发送命令，上行链路都必须保证能随时启用。

（2）监视无人机及其设备的状态

无人机在执行任务过程中，地面控制站要实时地对飞机进行监控。需要把无人机的各种状态信息及时传回地面，包括飞机姿态、飞行参数和机上设备状态等参数。这些数据通过从无人机到地面的下行链路来传输。下行链路提供两个信道（可以合并为单一的数据流），其中一条信道（又称遥测信道）用于传输这些数据。该信道对数据传输速率要求不高，类似于指挥链路。

（3）战场态势感知

无人机在战场执行监视、目标搜索、火控、作战效果评估等任务时，机载合成孔径雷达或光电传感器采集到大量数据，必须及时地从机上发回到地面控制站，这需要数据传输速率非常高。下行链路的第二条信道用于向地面控制站传递这些信息，其数据传输速率目前最高达到 200 多兆比特每秒。

4.1.2 无人机数据链的类型

无人机数据链分为短波高频数据链、微波数据链和卫星数据链 3 类。

（1）短波高频数据链

该链路波段在 2 ~ 12MHz 范围，由于其无线电波的传播是通过地球电离层的反射来实现，因此能够覆盖的距离大约在 50km 范围。另外，由于受带宽限制，一般不能用于传输数据量较大的文件，如视频等。

（2）微波数据链

微波是无人机数据链的主要应用频段。与短波数据链相比，微波数据链具有更高的可用带宽，可允许传输活动视频画面。微波数据链主要应用波段有 Ku 波段（15GHz）、X 波段（10GHz）、C 波段（5GHz）和 L/S 波段（1 ~ 2GHz）。微波数据链的主要缺点是受视距传播的限制，其覆盖距离依据无人机的不同高度和地形在 100 ~ 400km 不等。如果要突破此覆盖距离限制，则必须应用空中中继站。该中继站可以是一架飞机，也可以是另一架无人机或者卫星。

（3）卫星数据链

卫星数据链是以人造卫星为中继站的微波数据链，用以克服视距条件引起的距离限制。凭借一定数量的卫星和特定的轨道，卫星数据链路能够向无人机提供覆盖全球的数据通信数据链。由于受到卫星使用成本、可用性以及远距离链路传输对定向天线的特殊要求，目前宽带卫星数据链主要应用于高空长航时无人机。

4.2 “全球鹰”数据链通信技术

“全球鹰”通过通信数据链能与美军现有的可部署联合情报支援系统（JDISS）和全球指挥控制系统（GCCS）连接在一起，可以适应陆、海、空军不同的通信控制系统，既可进行宽带卫星通信，又可进行视距数据传输通信。

4.2.1 “全球鹰”通信数据链类型

“全球鹰”通信数据链按照传输距离、使用带宽、任务功能可分为 3 类。

（1）视距与超视距（BLOS）数据链

若根据传输距离，“全球鹰”采用视距和超视距两种通信数据链。通常，视距通信覆盖范围在 435km 以内。“全球鹰”的视距通信数据链包括 UHF 和 X 波段视距通信数据链（即 CDL），主要用于“全球鹰”在机场周边区域的起飞、着陆与战区信息传输操作。当超出视距范围时，如跨洲际的操作，“全球鹰”采用卫星中继方式延伸传输距离。使用 UHF 波段卫星通信数据链、Ku 波段商业卫星通信数据链和 L 波段 INMARSAT 通信数据链 3 种超视距通信数据链。其中 L 波段 INMARSAT 通信数据链作为备份通信数据链。

（2）窄带与宽带数据链

若根据使用的带宽，“全球鹰”采用有窄带和宽带两种通信数据链。其中，窄带通信数据链主要为 UHF 卫星通信数据链、UHF 视距通信数据链以及 L 波段 INMARSAT 通信数据链，用于上行传输对无人机的遥控指令、下行传输来自无人机的遥测信息；宽带通信数据链主要为CDL视距通信数据链和Ku波段商业卫星通信数据链，它们除具有上述窄带通信数据链的功能外，主要用于机上大数据量任务信息的下行传输。“全球鹰”一旦到达战区后，就会切换到高带宽数据链。

(3) 指挥控制（C^2）与数据分发数据链

若根据任务功能，“全球鹰”有指挥控制通信数据链和战场态势感知数据分发通信数据链两种。其中，CDL视距通信数据链、Ku波段商业卫星通信数据链、UHF卫星通信数据链、UHF视距通信数据链以及L波段INMARSAT通信数据链都可用做对“全球鹰”的指挥控制，但只有CDL视距通信数据链和Ku波段商业卫星通信数据链可用做战场态势感知数据分发，它们是“全球鹰”的主通信数据链。

4.2.2 “全球鹰”的主要数据链通信技术

“全球鹰”的主要数据链采用以下4种通信技术。

(1) CDL

CDL是一种全双工、抗干扰、宽带、点到点通信数据链，工作于X波段或Ku波段。它是1991年美国国防部开始发展的通用数据链，广泛用做无人机、侦察机等与地面控制站之间传输图像及情报信息的标准链路，具有防窃听、防干扰以及防拦截等功能。

CDL数据链系统包括地面端机及机载端机两个部分，其中地面站通常配置成双波段工作，而机载端机配置成单波段工作。CDL基于通用的信号波形格式，支持高速率的数据传输，提供标准化的上行命令链路和下行链路服务。“全球鹰”的上行命令链路采用扩频技术，通常以0.2～2Mb/s的速度上传地面站对无人机的指挥与控制指令，以10～274Mb/s的速度接收“全球鹰”下传信息。

(2) Ku波段商业卫星通信数据链

卫星通信系统由于通信容量大、覆盖区域广、通信距离远、抗干扰能力强、实时性强以及和距离无关等显著优点，近年来在无人机系统上大量装备使用。

最常用的卫星波段是 C 波段（4 ~ 8GHz）、Ku 波段（10 ~ 18GHz）和 Ka 波段（18 ~ 31GHz）。频率波段越高其波长越短，相应的收发信号所需的天线尺寸也就越小，重量越轻。对于 C 波段，其最小接收天线直径为 2 ~ 3m，不适合在无人机上使用。而 Ku 波段其最小接收天线直径可小至不到 0.5m，因而目前在无人机上得到广泛使用。至于 Ka 波段虽然可以提供更高的带宽和更小的天线，但它受环境影响，其衰减比 C 波段和 Ku 波段严重得多。

“全球鹰”采用 Ku 波段商业卫星通信数据链进行指挥与控制操作，以及机载传感器信息的下行传输。但由于 Ku 波段商业卫星通信系统覆盖的范围有限，包括海洋、内陆一些地区不可用，因此，“全球鹰”用该卫星服务波段工作面临着一定的风险。

（3）UHF 通信数据链

UHF 属于超短波通信高频波段，波段范围 300 ~ 3000MHz，其工作波段远远超过大气电离层所能反射的最大可用波段，故不能用天波通信；而其沿地面衰减极快，故地波的传输距离有限，所以它主要依靠直线波进行视距通信。UHF 在军事应用上具有信号穿透性强、信道稳定不易受干扰、通信质量好、接收终端轻巧、通过中继可实现全球覆盖等优点，因此广泛应用于飞机、舰船、车辆、单兵通信上。“全球鹰”以视距与卫星中继的方式使用 UHF 通信数据链。图 4-1 为“全球鹰”主要数据链天线在飞机上的位置示意图。

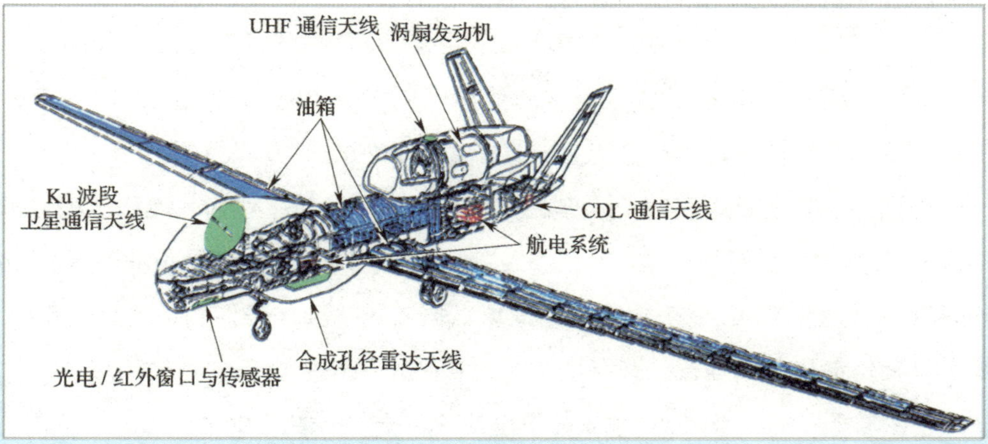

图 4-1 “全球鹰”通信天线及其他主要系统位置示意图

（4）L 波段 INMARSAT 通信数据链

INMARSAT 系统是由国际海事卫星组织管理的全球商用卫星移动通信系统，主要为海洋船只提供全球海事卫星通信服务和必要的海难安全呼救通道。最新一代的 INMARSAT 系统的空间段由 4 颗卫星构成，分别覆盖太平洋、印度洋、大西洋东区和大西洋西区。其 L 波段的工作频率上行为 1.636 ~ 1.643GHz、下行为 1.535 ~ 1.542GHz。“全球鹰”主要用 INMARSAT 系统作为指挥控制备用通信数据链。

4.3 “全球鹰”地面任务控制站

目前，无人机系统仍属于“人在回路的系统”，其作战使用离不开人对无人机的指挥控制。近年来，虽然无人机已逐渐具有很强的智能自主控制能力，但在执行任务过程中，地面操作人员仍然拥有操纵飞机的最终决定权。同时，无人机的作战使用是作为一个系统来进行的，在空中离不开地面任务控制站的支持，任务控制站是无人机指挥控制系统的核心，它控制着无人机的飞行过程、飞行轨迹、有效载荷对任务的高效完成、通信数据链的正常工作以及无人机的发射与回收等。

4.3.1 地面任务控制站主要功能

“全球鹰”的地面控制站（见图 4–2）由美国雷神公司研制，它使“全球鹰”具有为联合部队指挥官提供全天候的连续监视能力。它通过获取及时有效的信息支持态势感知、精确打击以及其他重要的情报与侦察能力。

地面站系统能够近实时地为作战指挥官提供高分辨率图像、地面活动目标指示器的合成孔径雷达图像、光电 / 红外数据。从“全球鹰”上获得的传感器数据可以通过 CDL 视距数据链或卫星数据链传输到任务控制单元（MCE），或者直接传给配备简易接收设备的战场用户或情报中心。

“全球鹰”地面任务控制站主要包括 4 部分：发射和回收单元（LRE）、MCE、地面通信设备和保障支持设备。在任务控制站中，MCE 与 LRE 是

图 4—2 “全球鹰”地面站

其最重要的组成部分。其中，LRE 用于飞行前加载飞行计划、检测机载系统的状态，并在“全球鹰”的起飞和着陆阶段对其进行指挥控制；MCE 负责无人机的核心任务规划部分，包括飞行、通信、传感器和分发计划编制，另外还包括传感器数据处理，飞行器和任务有效载荷的控制；地面通信设备则实现任务控制站与空中平台以及上级指挥部门的通信；保障支持设备包括相应的保障、运输和设备维护等系统。

4.3.2 地面任务控制站的转移运输

“全球鹰”的地面任务控制站可以将各个单元分开部署在不同地理位置上使用。例如：LRE 部署在“全球鹰”的作战飞行地区，而 MCE 则可留在司令部所在地或主作战基地。“全球鹰”地面站可以做到在接到转移命令的 24h 内完成拆分，并在到达新驻地后 24h 内完成重装。表 4–1 为“全球鹰”地面控制站的 LRE 与 MCE 相关参数。

表 4–1 “全球鹰”地面任务控制站相关参数

	MCE	LRE
尺寸	2.44m × 2.44m × 7.32m	2.44m × 2.44m × 3.05m
操作员工位	通信、指挥控制、任务规划、图像处理共 4 个	通信、任务规划共 2 个
重量	7.5t	4.6t
单元空运重量	26.12t	11.67t

支持“全球鹰”30 天自主飞行作战部署所需的全套人员设备（包括地面站、飞机支持保障设备、支持人员以及维护支持配套工具）用 3 架 C–141B（见图 4–3）或 2 架 C–17（见图 4–4）或 1 架 C–5B 运输机（见图 4–5）就可以完成装运，各装运布局方案见图 4–6 ~ 图 4–8。

图 4–3 C–141B 运输机

图 4–4 C–17 运输机

图 4—5　C—5B 运输机

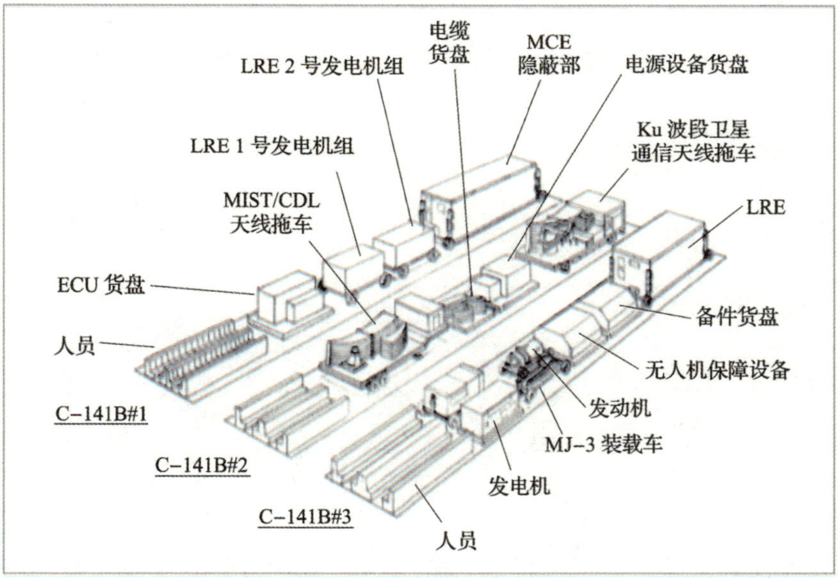

图 4—6　“全球鹰”地面支持系统 C—141B 装运布局图

图 4-6 中 MIST 为“模块化可互用地面终端”的英文缩写。它采用一个 2m 的 X 波段天线提供视距通信数据链，可以 200Kb/s 的速率向“全球鹰”上传信息，以 1.5、10.7、137 或 274Mb/s 的可选速率接收下传信息。

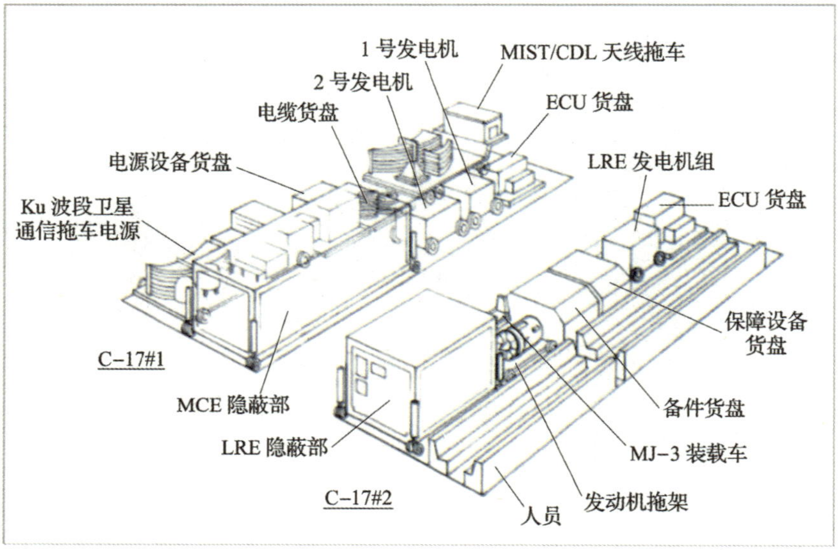

图 4—7 “全球鹰”地面支持系统 C—17 装运布局图

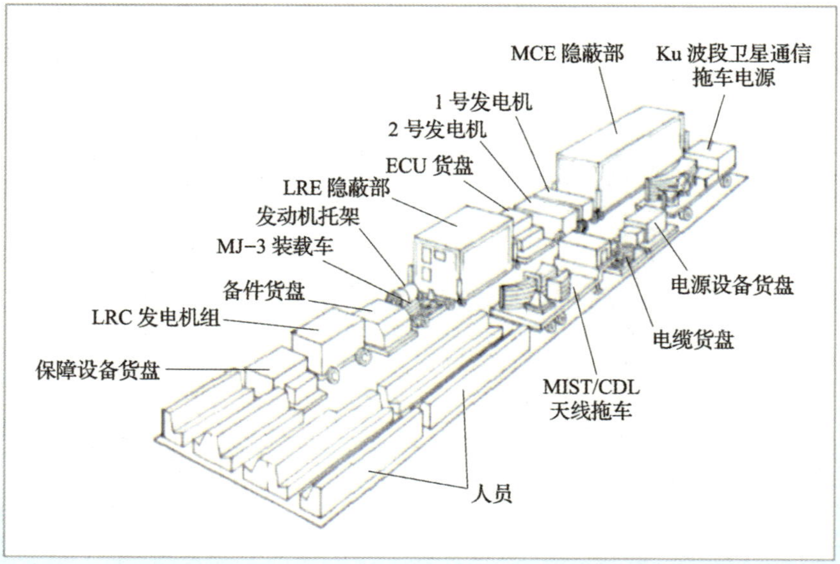

图 4—8 “全球鹰”地面支持系统 C—5B 装运布局图

4.3.3 任务控制单元

“全球鹰”任务控制单元（MCE，见图 4–9 ～图 4–11）采用低成本、低风险的商用货架高性能软硬件来满足各类图像的处理要求。MCE 是任务控制站的核心，其内部通常有 4 名操作员操控着 4 个工作站，包括指挥控制工作站、通信管理工作站、任务规划工作站和传感器数据与图像处理工作站。

图 4–9 “全球鹰”MCE

图 4–10 MCE 内部实景

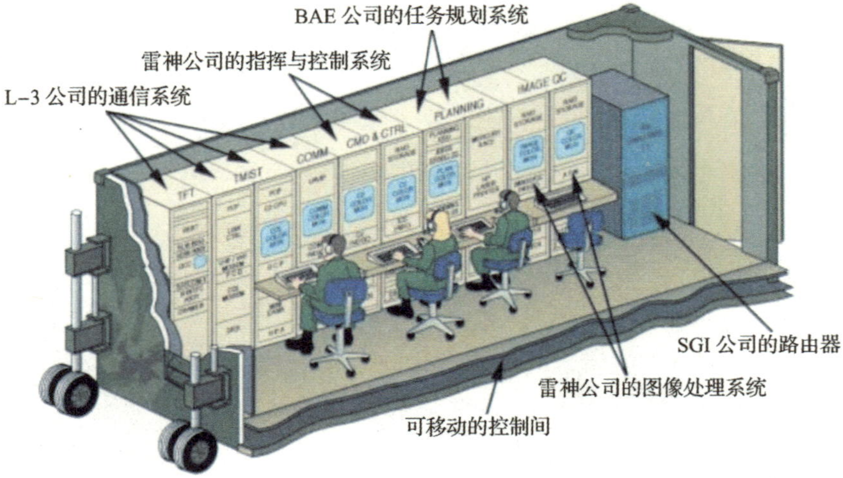

图 4-11　MCE 内部工作场景示意图

（1）指挥控制工作站

操作员通过工作站负责对“全球鹰”飞行阶段的指挥控制，并且承担着与空中交通管制人员联系的职责。通过工作站显示器，操作员能够实时了解“全球鹰”当前位置和飞行仪表读数，并能够同时对 3 架无人机的系统状态、任务情况、受威胁状态以及导航状态进行近实时的监视和上传指令进行控制操作。操作员可以根据任务计划的变化情况修改“全球鹰”的飞行航迹，能够及时响应空中交通管制人员的协作要求，快速反应控制改变“全球鹰”的航向、飞行高度和航速。此外，操作员还可以管理“全球鹰”机载敌我识别系统与防御辅助系统。

图 4-12 所示的“全球鹰”地面工作站控制视窗软件由用户单位——美国联合部队司令部、“全球鹰”联合计划处以及作战综合分析中心人员紧密协作组织开发完成。

（2）通信管理工作站

通信管理工作站由通信专业人员操作，负责管理系统所有的通信数据链，监视和维护这些链路正常的工作状态等。通信专业人员负责构建和监视通信计划，在需要时进行再定向。MCE 的通信设备包括所有的地面接收和发射设备。在视距外操作时，MCE 通过按需分配多址（DAMA）卫星通信数据链与“全球鹰”进行通信联系。

图 4—12 “全球鹰”的态势感知与超控能力由动态的 X—window 人机界面提供

(3) 任务规划工作站

任务规划工作站负责为“全球鹰”生成一个完整的任务计划，包括导航计划、传感器计划、通信计划和分发计划。“全球鹰”升空后，一般都是按照预先制定的任务计划飞行。在任务执行过程中，任务规划工作站可以进行动态的任务更新以确保机载任务与突发任务保持一致。任务更新的内容涵盖从为了单张图片的传感器重规划到包括飞行计划、传感器计划以及分发计划的整个任务的重规划。

(4) 传感器数据与图像处理工作站

传感器数据与图像处理工作站负责分析“全球鹰”机载传感器输出下传的信息，监视机载传感器的工作状态，对接收到的目标图像进行处理、存储和分发。该工作站可以通过分析传感器的数据来检查其工作性能，同时还可以选择目标图像进行快速评估。图 4—13 为“全球鹰”地面站使用的图像处理软件显示截图。

图 4—13 “全球鹰”地面站大量采用商用货架产品，VITecELT 视景图像显示软件即为其中之一，图中为该软件显示的航拍图像

4.3.4 发射和回收单元

发射和回收单元（LRE）负责“全球鹰”的发射准备、发射和回收工作。发射前，它要检验“全球鹰”机载各类子系统的完好状态（见图 4—14），接收 MCE 提供的任务计划，并上载到机上任务管理系统中。在发射与回收阶段，LRE 负责无人机控制，与当地或途经地的空管机构进行协调，并将无人机控制权移交给 MCE 或从 MCE 接管控制权。

LRE（见图 4—15 ~ 图 4—18）包含有一个任务规划工作站和一个指挥与控制工作站，有 2 名操作人员负责使用管理。由于 LRE 要负责控制无人机的起飞、着陆，因此通常它与无人机共同驻扎在前线基地。而 MCE 因为其主要任务是在无人机执行任务过程中提供指挥控制指令，以及接收和分发自飞机下行而来的传感器数据与图像，因此可不必与 LRE 驻扎在一起。例如在阿富汗、伊拉克部署使用的“全球鹰”，其 MCE 可部署在数千千米外的美国本土进行操作。LRE 与 MCE 的主要区别是，LRE 不具有宽带数据链路通信能力以及下行传感器数据与图像处理能力，但它拥有一个差分全球定位系统（DGPS）以提供地面操作、起飞和着陆所需的精确导航能力。

图 4—14 “全球鹰”发射前的检测与任务加载

图 4—15 “全球鹰”LRE

图 4—16 LRE 内部操作台（1）

图 4—17 LRE 内部操作台（2）

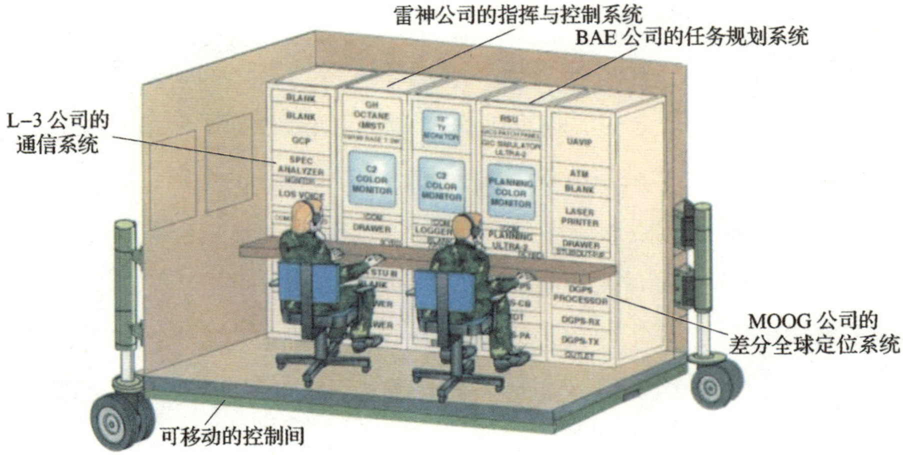

图 4—18 LRE 内部工作场景示意图

LRE 的任务规划能力与 MCE 完全冗余，这样便于 LRE 对在飞行器发射前或往返接管点的途中所收到的来自 MCE 的任务规划进行更新；不过，LRE 缺少自动接收威胁和气象数据的设备，需要从 MCE 获取这些数据。

4.3.5 “全球鹰”的操作员要求

按照美国空军要求，无论是 LRE 还是 MCE 的操作员上岗前都需要经过理论学习、模拟训练和飞行训练的过程。理论学习内容包括气象学、飞行规则、导航技术等学科知识。模拟训练采用能复现 MCE、LRE 功能的模拟器，以使操作员在今后执行真实任务期间感觉与仿真之间的差别很小。飞行训练包括学习基本飞行原理，进行操控无人机起飞、着陆、飞行中系统操作等训练。飞行训练期间必须获得商用仪表飞行规则（IFR）飞行员等级证书。

按照美军无人机的应用发展趋势，无人机同有人驾驶飞机等其他飞行平台一起协同作战的机会今后会越来越多，这就要求无人机操作员除了要对无人机操作非常熟悉外，还要了解其他飞行平台的操作飞行特点。

4.4 “全球鹰”指挥控制流程

“全球鹰”无人机在执行作战飞行任务时，操作人员遵循严格的工作流程进行指挥控制，流程如下。

（1）在作战准备阶段，操作员将上级指挥机构下发的作战任务计划、作战目标等信息以任务指令的形式传送给 MCE 的任务规划工作站。

（2）任务规划工作站根据以上信息进行任务 / 路径规划，为无人机规划出可执行的飞行任务计划，并传至 LRE。

（3）在任务执行日，无人机被牵引到机场工位，用地面电源进行系统加电检测；然后发动机开车，由地勤人员监控，用机上电源进行自检测，包括数据链路检测、有效载荷调试等。一旦系统测试获得满意的结果，就由 LRE 加载飞行任务计划并接管控制。

（4）在获得机场塔台放飞许可后，LRE 向飞机发出滑行指令。飞机滑行至跑道起点前停止，等候下一步指令。

（5）再次获得许可后，飞机在跑道上自主定位，并准备好接收起飞指令。

（6）获得起飞许可后，“全球鹰”操作员执行起飞指令，飞机起飞并爬升。

（7）MCE 接管飞机控制权。计算机控制飞机沿着预先规划的各个航路点飞行，如果没有接收到来自地面操作员的进一步指令，飞机将可以完全自主地完成作战飞行任务、返航、进场、拉平、接地着陆、滑行并停止、结束任务。

（8）在无人机返场着陆过程中，LRE 重新接管飞机控制权，必要时人工控制着陆。

（9）在作战飞行阶段，操作员对飞机状态、健康状态、武器状态和任务载荷状态进行显示和监视，在紧急条件下可对飞机导航系统和传感器等进行直接控制。

（10）出现突发情况的时候，任务规划工作站操作员根据情况调整无人机的任务计划，随后地面站将调整后的任务计划以及指令通过通信数据链上传到无人机平台。

（11）当操作员遇到无法解决的情况和超出其能力范围的问题时，向上级指挥部门提出请求，待上级下达新的任务命令后，遵照执行。

在整个飞行过程中，传感器数据与图像处理工作站接收、显示来自无人机传感器所采集到的情报图像信息，将目标确认与指示信息反馈给无人机，直至任务结束。

4.5 “全球鹰”的控制指令与模式

“全球鹰”地面站操作员可以通过一些控制指令和模式改变飞机的预编程任务，这些控制指令和模式主要有航迹保持控制、超控、暂停、Goto、返回基地（RTB）、着陆。

4.5.1 航迹保持控制

正如该名称所述，该模式在保持飞机航迹不变的情况下，可以改变其飞行高度与速度。这意味着飞机将按照所有其他的控制指令继续其自主飞行，因此，航迹保持控制指令不会中止对飞机的控制或改变相对于地面的航迹。在航迹保持控制模式中，改变飞行高度时，不能选择改变上升率。飞行速度偏离预定空速可以改变的最大值不超过 18.5km/h。

4.5.2 超控

该模式用于将飞机从自主飞行控制或航迹保持控制状态转变为超控状态。下列控制指令可以在该模式下应用。

（1）航向；

（2）高度；

（3）上升率：最大不超过 ±488m/min ；

（4）空速：偏离预定空速可以改变的最大值不超过 18.5km/h。

4.5.3 暂停

在自主飞行中的任何时刻都可以使用暂停指令。飞机接收该指令后将沿着预编程椭圆形空中等待航迹飞行。平均海平面 4270m 以下的空中等待航迹有 1min 的直线段航迹，而平均海平面 4270m 以上的空中等待航迹有 1.5min 的直线段航迹。此外，使用暂停指令不能保证地形回避。

4.5.4 Goto

当飞机处于航迹保持控制、超控、暂停状态时，可以使用 Goto 指令将飞机导引到指定的航路点，然后根据任务计划重新恢复到自主飞行状态。

使用 Goto 指令在飞机到达指定航路点之前不能保证地形回避。

4.5.5 RTB

该指令可让飞机按照预编程的紧急情况–2 航路返航，飞回基地。

4.5.6 着陆

飞机接收该指令后，飞行控制系统将读取任务计划，根据飞机当前位置确定作为起始进场点的航路点位置，结果会面临以下两种场景选择处理方式。

(1) 若飞机尚未飞临起始进场航路点，则将继续直接飞往该航路点，然后按照飞行计划从该航路点飞往着陆航路点。

(2) 若飞机已飞过起始进场航路点，则将接收到“必须着陆”指令，该指令禁止飞机在进入最后进场定位点通道之后并且处于着陆下滑道状态时有可能转换为自动“复飞”模式。

该指令不能保证地形回避。

4.6 “全球鹰”指挥控制架构

“全球鹰”指挥控制架构示意图如图 4–19 所示，它清晰地展示了“全球鹰”空—天—地立体指挥控制关系。

从图中可以看到：

(1) 测试人员通过与 LRE 连接的以太网对停机坪上的“全球鹰”进行起飞前检测。

(2) LRE 与本地机场塔台通过两路 UHF/VHF 链路进行空中交通管制的语音通信。

(3) “全球鹰”在离场或进场时与 LRE 之间既可通过 UHF 视距通信数据

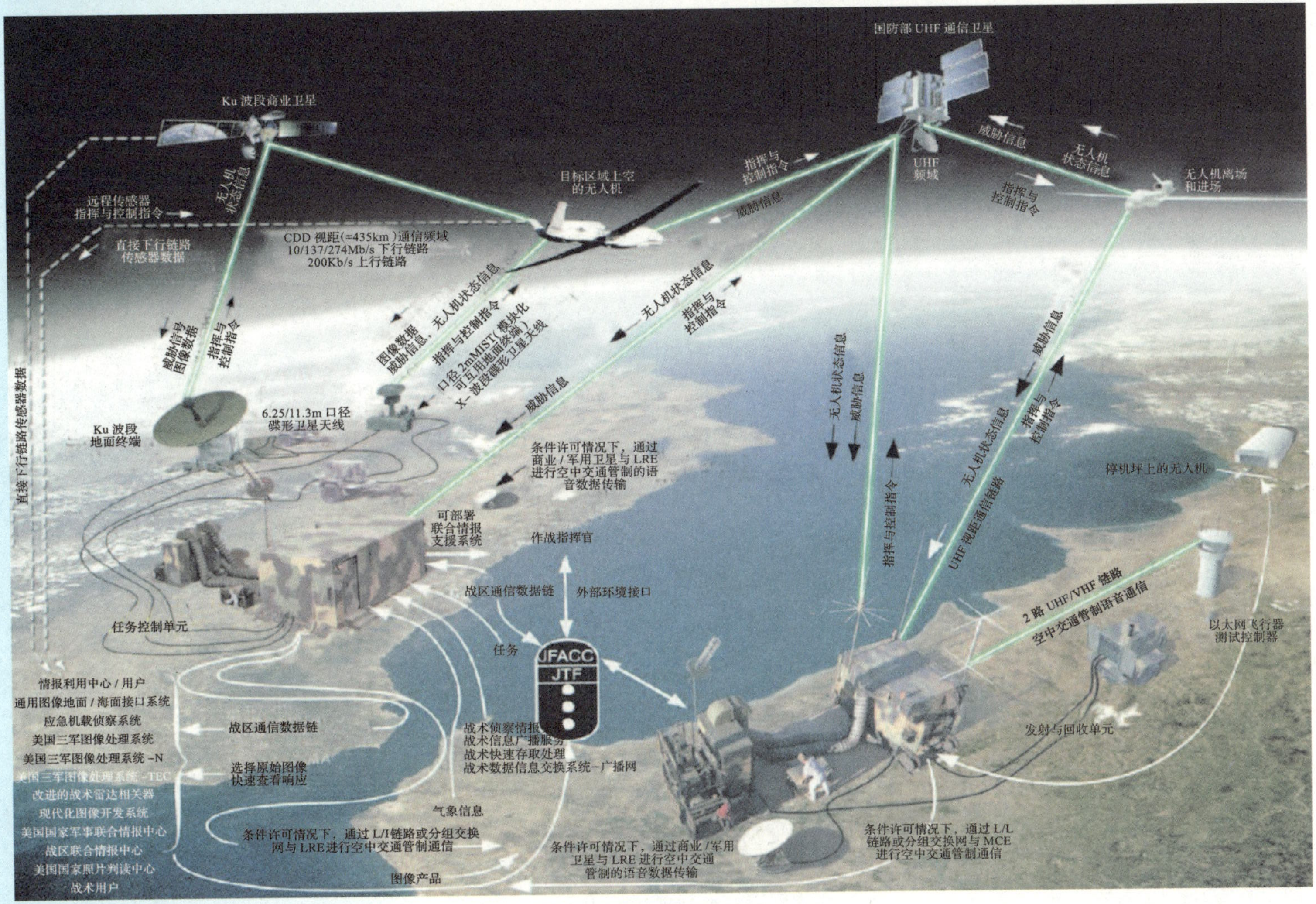

图 4—19 “全球鹰”指挥控制架构示意图

链，也可通过美国国防部 UHF 通信卫星上传指挥控制指令，下传无人机状态与威胁信息。

（4）LRE 与 MCE 之间通过 L/L 通信数据链或分组交换网进行空中交通管制通信；通过商业 / 军用卫星进行空中交通管制的语音数据传输。

（5）对于无线电视距范围（435km）内目标区域上空的“全球鹰”，MCE 通过 CDL 数据链进行上、下行数据的传输。

（6）对于超出无线电视距范围目标区域上空的“全球鹰”，MCE 通过美国国防部 UHF 通信卫星上传指挥控制指令，下传无人机状态与威胁信息；通过 Ku 波段商业卫星上传指挥控制指令，下传传感器图像数据以及无人机状态与威胁信息。

（7）美国国防部一些图像处理机构 / 系统 / 设备，如美国国家军事联合情报中心（NMJIC）、美国三军图像处理系统（JSIPS）、通用图像地面 / 海面接口系统（CIG/SS）、美国国家照片判读中心（NPIC）等，既可以通过 CDL 数据链或 Ku 波段商业卫星直接从目标区域上空的“全球鹰”下行传输传感器数据，也可通过战区通信数据链从 MCE 接收原始图像进行选择快速处理，并将分析评估结果形成的图像产品发往联合特遣部队指挥中心。联合特遣部队指挥中心也可直接通过战区通信数据链接收 LRE、MCE 传输的数据，并将最终情报信息传送给作战指挥官。

（8）作战指挥官也可通过可部署联合情报支援系统直接从 MCE 获取情报信息。

（9）MCE 还可接收战术信息广播服务（TIBS）、战术数据信息交换系统 – 广播网（TADIES–B）等传输的电子情报信息、气象信息及任务信息等，用于执行任务的辅助支持。

4.7　无人机指挥控制系统未来发展趋势

在地面控制站方面，美国国防部于 2009 年要求各军兵种启动一项联合研究项目，开发和验证一种新型通用、开放和规模可变的地面控制站体系结构，可支持包括 2 ～ 5 架“全球鹰”在内的无人机群的指挥控制功能。过去，美国军方的无人机采办需要同时从主承包商采购无人机和地面站，因此无人机与地面站之间的接口基本上也都是专属和封闭的。而地面站开放式的体系结构将有助于良性的商业竞争局面的形成，增强地面站的功能扩展，包括新型应用工具软件的增加、允许软件在各系统间的重复利用、简化机载载荷的综合等。

无人机地面控制站的另一个技术发展趋势是采用基于虚拟现实和实景视频相结合的混合现实技术。这种混合现实系统可以使无人机操作员融入一个虚拟环境中，有更强的临场感，可直观地了解无人机的态势背景以及全面的任务环境信息。来自真实世界的视频流增强了所构建的虚拟世界的动态性，反过来虚拟信息补充了真实世界的图像信息。混合现实技术的应用将使无人机地面控制站的操作界面高度简单和直观，大大降低了对无人机操作员的能力要求，有助于推动无人机的更广泛应用。

在通信技术方面，2009 年 4 月美国国防部发布的《2009 ～ 2034 无人系统综合路线图》指出了当前军用无人机系统未来将面临通信频率拥塞问题，现有射频带宽受物理条件限制无法满足各种应用，需要探索新的应用方法增大指挥控制与数据链的数据传输速率。该路线图认为，应加大对非射频通信技术（如激光通信）以及射频带宽优化应用技术的研究，开发有效的带宽管理／数据压缩工具。

在飞行控制方面，由于未来作战环境的高度动态化、不确定性以及飞行任务的复杂性，采用各种基于程序化的自动控制策略无人机已经不能满足对复杂作战环境下的多任务需求，自主飞行控制能力的提高将是未来无人机飞行控制系统发展的主要方向。无人机若拥有更强的自主控制能力，就相对降低了与地面控制站的通信要求，可以节省出更多的带宽。

目前，美军将无人机的自主控制级别分为 10 个等级。

1 级：可程序控制飞行和远距离遥控，如“捕食者”。

2 ～ 3 级：能够根据预编程序运行并具有故障诊断能力，并且在数据链丢失后仍可根据环境变化进行飞行航迹的自适应调整，如“全球鹰”。

4 ～ 5 级：在自主飞行过程中具有智能决策与智能控制的能力。如 X-45C

和 X−47B 可以根据一定的信息进行任务重规划，并利用数据链信息共享，实现机群联合行动。“全球鹰”已实现了无人机之间的空中加油作业功能。2011 年 1 月 21 日，诺斯罗普 · 格鲁门公司、DARPA 和美国国家航空航天局德莱顿飞行研究中心史无前例地演示了两架无人机自主高空加油，迈出了历史性的一步。在飞行试验中，诺斯罗普·格鲁门公司的一架“希腊海神”（Proteus）有人驾驶试验机模拟无人机与美国国家航空航天局的一架“全球鹰”在 13700m 左右的高空相距 12m 左右，成功完成了空中加油作业。

6 级：可做到无人机机群协同和机群战术任务重规划的自主控制，这也是美军的近期追求目标。

7 ~ 10 级：具有的智能自主飞行能力可实现有人机与无人机的混合编队飞行，有人机和地面指挥系统可以直接通过指令或语音命令指挥无人机去完成预定任务，只要输入任务内容与边界条件，无人机就可以自主规划最佳航线完成任务，这是美军追求的终极目标。

第五章　开发采购策略介绍

RQ–4A“全球鹰”在 ACTD 计划执行期间，生产了 7 架原型机，有效支持了阿富汗和伊拉克战争，使用状况良好。按照国防部的采购计划，总承包商诺斯罗普·格鲁门公司最终将在 2012 年交付给空军 51 架飞机，多个地面站、情报传感器和保障设备，价值 63 亿美元。其研发和采购进程如图 5–1 所示。

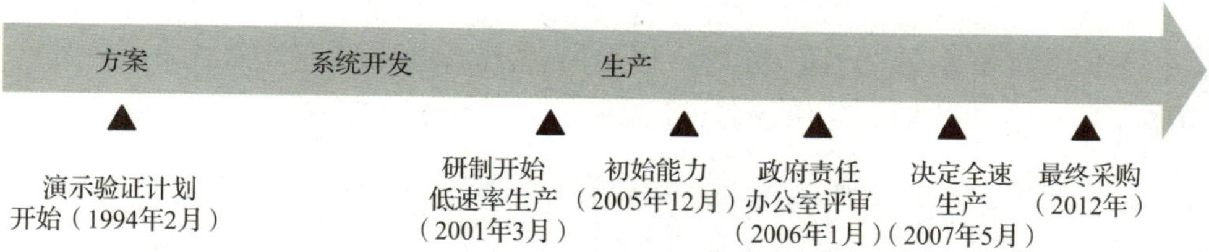

图 5–1　“全球鹰”项目的研发和采购进程

根据承包商诺斯罗普·格鲁门公司 2010 年提供的最新数据，包括计划中 Block 40 在内，共计划交付“全球鹰”无人机 63 架，其中，已交付 7 架 Block 0、9 架 Block 10、6 架 Block 20、26 架 Block 30，还有 15 架 Block 40 准备交付。“全球鹰”项目采用渐进式采办（EA）的策略，以一边小批试生产（LRIP）一边又同时研发的螺旋式开发方法生产“全球鹰”飞机。由于研发成本过高，“全球鹰”项目一度成为国会财年削减的靶子，如果没有通过国家安全需求评估，计划将被取消。“全球鹰”项目组及时调整了其采购和管理策略，最终完成了空军的评估报告。“全球鹰”项目一度作为螺旋式开发的典范被介绍推广。然而，随着军方对“全球鹰”系统要求的增长，它已成为另一项遭受费用超支非议的长线采办项目。2005 年 6 月，空军决定将该项目从螺旋式开发恢复为传统的批次项目。“全球鹰”项目自启动以来，其开发采购策略几经调整，极具代表性，其中的经验教训值得我们分析和借鉴。

5.1 ACTD 计划期间的开发和采购策略

“全球鹰”发展案所属的高空长航时无人飞行器计划并不是依照美国国防部的一般采购作业程序进行，而是采用 ACTD 的模式。美国国防部过去在无人飞行器系统的发展上，曾经遭遇过多次的失败，进入 20 世纪 90 年代后，为了不重蹈覆辙，在国会支持下，建立了 ACTD 的计划管理方式，其精髓在于简化监督的程序，提早让使用者参与测试，以确定系统具备作战的实用性。

5.1.1 ACTD 计划

一般美国国防部的武器发展案在执行前，必须先经过一番非常周密的规划，将发展过程划分为几个阶段，每个阶段的研制周期、预算、工作、目标清晰明了地写在计划书中。除了计划书，也会依据作战需求文件来制定出系统的技术规范。计划开始执行后，由于每个年度的预算已经固定，而要在事前增加往后各年度的预算并非十分容易，所以预算的控制变成了重点。不过几乎每一项武器发展案都会遭遇到技术上的困难，在年度预算固定的限制下，只好容许进度滞后。而因为在一个阶段的目标完成之前不能进入下个阶段，研制周期延长的后果是把原来的预算都吃掉，所以最后还是不得不追加预算，以完成该阶段的目标。每个阶段累积下来的结果，造成整个计划经费的膨胀，当然也无法依照最初设定的时间完成。

ACTD 计划则是将计划开始前所预估的总预算和总研制周期设定为最重要的管控目标，重要性甚至高过计划书所设定的工作项目和系统预定的性能要求。换言之，必要时可以在某个阶段的工作尚未全部完成前就进入下一个阶段，整个计划也可能在所有目标都达到前就结束了。ACTD 计划与一般计划另一个不同点是发展过程必须由军方用户在作战环境中进行使用测试，以保证开发中的系统的确具备作战实用性。经由一般程序研发的武器系统虽可达到一长串技术规范中制定的要求，而这些在计划展开前即制定的规范却不一定在实际作战中有用。

美军的ACTD计划于1994年由国防部发起，是在原有先期技术验证(ATD)工作基础上形成的一项综合工程。按照美国国防部报告的说法，“ACTD计划是把用户和科技界的努力结合起来的工作”，其主旨是加快成熟技术向武器装备的转化，或是为新出现的特定作战问题迅速提供解决方案。其基本做法是，在新构思的武器研制计划正式上马之前，由研制部门与使用部门一起，对采用新方案的武器进行早期使用性试验或演示，以验证其技术的成熟程度和实用价值。有关部门如果对演示结果满意，新系统即可迅速进入正式的研制与采购过程。

(1) ACTD的作用

美国国防部为加快高新技术向作战能力的转化，以一项或多项成熟技术或即将成熟的先期技术为基础，从系统甚至“系统的系统”的角度加以综合集成，并在尽可能真实的作战环境中对某种新的重大军事能力进行演示验证，其演示规模足以确定军事应用的有效性和作战系统的完整性。ACTD将新技术和新概念结合在一起，是发展新概念武器装备的一条十分有效的途径。其目的是要在进入工程研制前制造和试验新系统样机，以便在采购之前了解其技术风险和费用负担，并利用样机进行早期作战试验，以便评定新系统的作战效能和适应性，从而提高新武器系统采办过程的效能，缩短研制周期，降低产品费用。

美军近年来的重大新概念武器系统预先研究项目都是ACTD计划中的项目，采用ACTD的管理模式。ACTD计划每年要从众多的成熟技术中集成10个左右的ACTD验证项目。它在美军武器装备研制过程中的位置如图5-2所示。

(2) ACTD的特征

ACTD计划的最根本之点是综合利用业已成熟的技术，强调要完全面向未来的用户，集中为具有特定型号背景的项目服务。因此，ACTD计划所列的，都是可望转入型号研制的项目，是在广泛的ATD项目中竞选出来的项目。通过加强投资力度，进行综合试验，这些项目便可很快转化为新的武器系统。其主要特征如下。

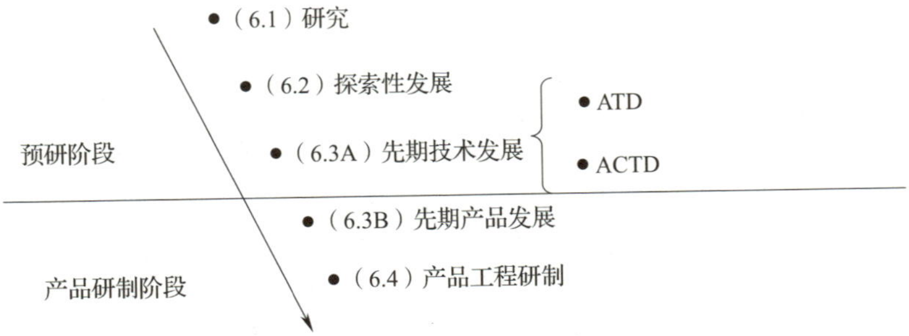

图 5—2　ACTD 在武器研发中的位置

- 与重点军事需求关系密切，项目都为重点中之重点，费用最为优先；
- 型号背景明朗，目标具体、集中；
- 潜在用户特别是作战部队对它们的兴趣更大，参与程度深，发言权大；
- 技术较成熟，包含的子项目或相关项目多，综合性、系统性强；
- 试验规模大，环境逼真，更符合实战要求，因而能生动有效地揭示新技术项目的作战效果。

美军在阐述 ACTD 计划时，尤其强调用户作用问题。作战部门不仅在正式研制阶段要同科研部门保持密切联系，而且在非正式的预研阶段，也应积极投入演示验证等活动。与传统的国防采办政策相比，ACTD 模式在以下几个重要方面有明显区别。

- 与专有采办法规和相关规章制度不同，ACTD 方法具有灵活性；
- 承包商无须满足大范围的性能需求，但是在出厂单价上需要严格遵循定价上限（“全球鹰”为 1000 万美元），这样严格要求的主要原因是能在上限内获得所有其他必须满足的性能目标；
- 一个项目被指定为 ACTD 项目后，也就意味着该项目计划验证成熟性或是在加速方式下验证战斗机的技术成熟性；
- 承包商必须联合政府制定综合产品和过程发展（IPPD）的形式和运行职责，IPPD 是在功能区域内使项目管理简单化的一种方法（这个限制仅用于 Tier Ⅱ +）。

但是 ACTD 并不能保证武器发展计划的成功性，依据计划开始前预估的总预算和总研制周期而进行的研制让这一类计划充满了不确定性和风险，这也是传统的按部就班的计划优于 ACTD 的地方。

（3）ACTD 项目的选择和审批

可以看出，ACTD 计划属于预研范畴或非正式采办过程，其目的在于使作战人员尽早参与武器采办过程，协调用户与科研部门的想法，加速将实验室中的新技术转化为战场上的实用装备。推行 ACTD 计划，是美军当前武器采办改革的重要内容之一，旨在经济有效地综合应用预研成果以满足作战部门的紧急需求。其立项与管理有 3 项基本要求：

- 面向用户；
- 把成熟技术集中应用到作战需求上；
- 制定演示验证项目的具体管理计划并监督其实施。

ACTD 项目是由美军科研部门的技术人员和作战部队的指挥官共同提出的。为帮助他们提出和选择适当的项目，国防部确定了 4 条判断标准：

- 所提出技术项目和演示验证方法必须有可能解决重要军事问题或提供一种新的重大能力；
- 备选技术必须较为成熟，并有助于解决正在考虑的问题；
- 每个 ACTD 项目必须制定可行的实施方案和管理计划；
- 所选 ACTD 项目必须是在 2 ~ 4 年内可见成效的短期工程。

ACTD 项目的具体情况各不相同，其管理方式也因项目而异。立项过程较为灵活，其间强调高层领导的参与，提倡根据项目实际情况做出判断而不是死守书面规定。一般来说，项目的审批过程大致如图 5−3 所示。

（4）ACTD 计划的管理

ACTD 计划由国防部办公厅和参谋长联席会议共同主持的 ACTD 指导组统一领导，国防部采办与技术副部长之下新设的先期技术采办负责监督计划的实施。

ACTD 计划所列的各个项目，是单独审批和分别管理的，为了加强对演示验证项目选择及实施的指导、监督和管理，美军从上到下共设 3 层监管机构：

- 顶层设一个总体指导组，由国防部负责采办与技术的副部长和参谋长联席会议副主席联合主持，成员包括国防部长办公厅和各军种的高级代表，负责对 ACTD 计划及其实施过程进行全面指导与监督；

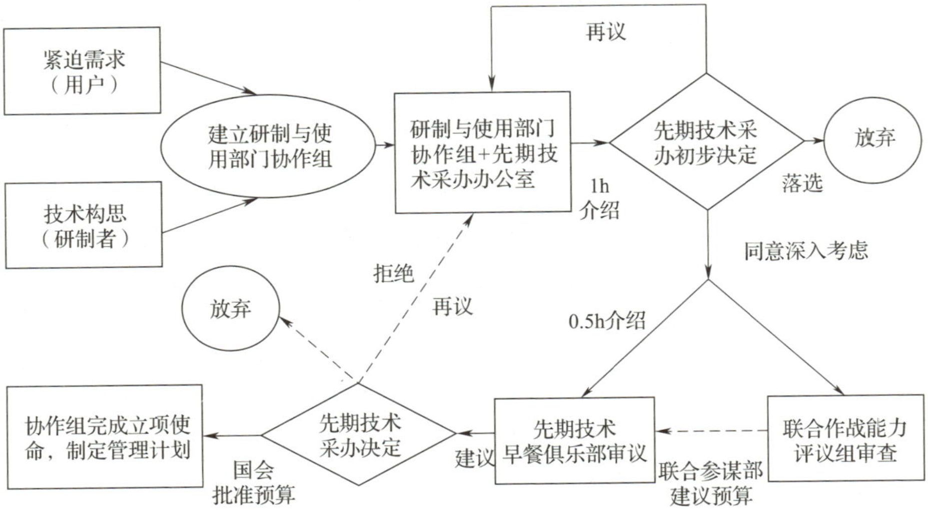

图 5—3　ACTD 的审批过程

- 中层监督机构叫先期技术顾问组，由负责先期技术的采办领导，成员包括三军和联合参谋部的将领，主要负责为 ACTD 工作的一般程序和项目选择提供建议，其建议要与各联合司令部和联合参谋部的意见协调一致；
- 基层的项目监督组是负责监管每个特定 ACTD 项目的机构，帮助解决项目进展中的具体问题。

ACTD 的主要管理手段是 ACTD 管理计划。管理计划规定了具体的实施原则，是一种用日常语言书写的行政性文件，篇幅最好不超过 25 页，一般由发起 ACTD 项目的主要采办部门和使用部门共同起草，其他参与部门给予协助，随时都可加以修正。然而，若要作实质性的变更，即进度、资金、内容及目标等的变更，则必须经监督小组书面批准。ACTD 管理计划，等于是由顶层为每一项 ACTD 计划提供了一份关于该演示计划的十分详细的说明，使有关各方都能了解其主要的目标、做法、关键的事项、参与者、进度安排、资金数量及向下一步过渡的目标，并通过签署的方式达成一致。对在评估该能力的效能和适用性时所采用的评估计量标准，应有明确的规定。此外，由于 ACTD 带来的主要成果，是使各军种能从中取得经验，并将这种经验用于制定作战需求文件，因此，作战需求部门的积极参与对 ACTD 的成功至关重要。就共同关注的 ACTD 而言，由多个军种参与是最为合适的，这样能尽量减少签署方的数量，同时又可确保所有的主要参与方都包括在内。各管理计划的内容，随其 ACTD 要求的不同而各异，这实际上就是项目参与各方应遵守的协议或合同。

（5）ACTD 项目的经费和结果处理

ACTD 项目都是依据美军各军种和业务局现有技术计划项目综合而成的，因此，绝大部分的经费来源是利用现有技术计划的投资，国防部新增加的专项预算只占很小部分，主要用于将各部门的多种技术项目纳入单一的 ACTD 项目，另外，还用来购买供演示验证用的技术设备，以及为演示验证成功的项目再提供为期 2 年的使用技术保障。

根据演示验证结果，将 ACTD 项目按下列 3 种情况之一加以处理：

- 如果用户发现项目不能满足预期的军事需求或效费比不理想，可以决定终止或暂时搁置，或调整计划；
- 如果用户对演示验证结果满意，按其建议可将演示验证项目正式转入武器型号研制计划；
- 如果所演示验证的项目效果非常理想，稍加改进甚至无须改进即可使用，便可能直接转交作战部队使用。但这种情况一般只适合于需求量极少的技术装备，如特种作战装备等。需求量较大的项目一般按第二种情况处理。

ACTD 的身份并不是确保武器系统发展计划必然成功的护身符，并非所有的 ACTD 项目都能被选中过渡到正式的采办程序。例如，使用方有可能认为进行采办不合算。在这种情况下，选择的结果有可能是利用当时的能力作进一步的发展，甚或干脆结束此项工作。其实，计划开始前预估的总预算和总研制周期所带来的限制让这类计划充满了不确定性和风险。

5.1.2 “全球鹰”在 ACTD 计划期间的开发和采购活动

1994 年，国防部开始将“全球鹰”项目作为一个 ACTD 项目启动。它没有沿用国防部的常规采购程序，而是通过原型机的使用，由军事用户对成熟的技术进行现场试验，确定其军事应用的有效性。基于 ACTD 的结果，来决定是否从 ACTD 的演示验证生产过渡到正式的采办项目。

“全球鹰”项目的ACTD计划由4个阶段构成：阶段Ⅰ，初步设计；阶段Ⅱ，设计、研制与试验项目；阶段Ⅲ，测试、评估与制造；阶段Ⅳ，批量生产。阶段Ⅰ从1994年10月开始，经过6个月的竞争选出了5个承包商团队。1995年5月，宣布Tier Ⅱ+为获胜者，于是，项目的阶段Ⅱ便开始了。政府和承包商团队将进入研制阶段，对提出的系统进行研发和试验。在阶段Ⅲ中将补充制造8架飞机，同时阶段Ⅱ的系统参加军事效用评估（MUA），通过评估，联合部队的指挥官将确定新系统提供给作战部队的价值。到了阶段Ⅳ，也就是最后一个阶段，将按照美国国防部设定的每架无人机出厂单价上限所要求的固定价格制造出10架飞机。

根据DARPA与特里达因·瑞安航空公司签订的合约，第11～第20架这批“全球鹰”飞行器（包括飞行器本身、航空电子装备、有效载荷装备），每一架的出厂单价上限固定为1000万美元（1994年币值）。规定每架飞行器的出厂单价上限，也是美国高空长航时无人飞行器计划的另一特点，事实上，这是国防部对这项计划所要求的唯一条件。然而，无论是国防部还是承包商，都无法达到这个平均出厂单价的目标。表5-1是“全球鹰”提交的预算案与最初目标的比较。

表5-1　1994、1998、1999年第11～第20架生产型飞机平均出厂单价预算案

百万美元

分类	承包商预算案（1994年）	国防部预算案（1998年7月）	承包商预算案（1999年7月）
结构	2.6	6.1	6.1
航空综合电子设备	0.4	0.5	0.6
传感器	4.1	5.2	6.7
推进系统	1.6	1.6	1.9
固定费用	1.3	1.4	未注明
总计	10.0	14.8	15.3

1999年的平均出厂单价预算升至1530万美元，主要有两方面的原因：一是第二、第三架原型机之间的结构差异，以及第五架原型机之后的结构改变导致成本增加；二是国防部最初计划一年采购10架原型机，而后来将生产速

度降为每年 2 架，这便增加了承包商的成本。2003 年 2 月 26 日，诺斯罗普·格鲁门公司在 ACTD 阶段的最后一架“全球鹰”交付，至此，共交付了 7 架 ACTD 原型机。ACTD 原型机的平均单架生产成本最终达到 1800 万美元。

（1）“全球鹰”的 ACTD 开发

1994 年，DARPA 领导政府团队和总承包商诺斯罗普·格鲁门公司签署协议，允许团队为了尽快开发系统而采取捷径解决传统采购程序的困难。这个创新的采办结构使团队把精力集中在系统成本设计上，去执行一个很有挑战性的进度表，进度表的设计是为了给联合部队的指挥官提供尽快评估系统的机会。承包商由经验丰富的合作伙伴组成，包括现在的 L–3 公司和雷神公司。为了实现有挑战性的进度表，并将研制和连续生产成本降至最低，系统结构选用了许多现成（不需要定制）的组件或已经可用的改型，如飞机起落架（F–5 和利尔 45）、发动机、机械子系统元件等。通信系统由其他系统现有的情报、监视与侦察数据链集成。地面控制站依赖现有软件模块的大量使用。

第一架 Tier II + 飞机于 1997 年 2 月在加利福尼亚州的圣地亚哥出厂。飞机在圣地亚哥进行综合和测试，然后运往爱德华兹空军基地，从 1997 年 7 月起，以那里为主要试飞基地。1997 年 10 月开始进行滑行试验，1998 年 2 月首飞。

第二架“全球鹰”于 1998 年 11 月升空。这是首架以宽带通信线路飞行的飞机，最后还使用了第一部图像传感器。1999 年 6 月，在完成了 21 次飞行任务总计 150 多飞行小时后，“全球鹰”准备开始参加爱德华兹空军基地区域以外的军事演习。这些新任务是项目 MUA 的开始。

阶段 II 的初始合同没有像最初计划的那样以飞行试验项目的结束而终止。在阶段 II 的合同里增加了 2 架飞机，主要是为了制造和交付增加的系统设备。这违背了阶段III的初始计划，为的是制造 8 架飞机和指导 MUA。阶段 II B 计划再制造 3 架飞机，而在阶段 II C 计划中也将额外制造 2 架飞机和 1 个地面控制站。除了这些生产需求，选择的研制计划也成为这 2 个阶段的一部分，主要是为了处理减少的生产源（例如，综合传感器系统的机上处理）。ACTD 计划期间共生产出了 7 架飞机、2 个 MCE、3 个 LRE 和 5 套传感器组件以及少量的备件。除了这些物理设施，该项目还从承包商团队和美国空军当中产生了富有经验的操作人员和维护人员。

(2) ACTD 的军事效用评估

1999 年 6 月,在完成了 21 次飞行任务共计 150 多飞行小时以后,“全球鹰”参加了首次军事演习，飞往新墨西哥州并返回，开始了 MUA。1999 年 10 月和 2000 年 4 月，“全球鹰”在爱德华兹空军基地和埃格林空军基地分别进行了部署飞行。在 2000 年 5 月的飞行任务中，首次完成了跨洋飞行，首次进入国际空域飞行，还首次为北约进行了演示验证，并且成为第一架在同一任务中从美国飞到欧洲并返回的无人机。

这些军事演习的参与，证明了该系统对于战场指挥官是有帮助的，还有助于确定系统需要改进的地方。这些经验教训构成了 MUA 的基础，由它推断系统将“作为 ACTD 系统的作战版迅速投入战场”。MUA 文件还包括一项“宣告在里程碑Ⅱ启动 EMD 和批准 LRIP 的决定”的建议。它在结尾处这样写道:“与 FAA 开展持续主动的合作与协作，将无人机活动扩展到国家空域系统（NAS）；与国际组织（国际民用航空组织、北大西洋公约组织、欧洲空中领航安全组织和欧洲联合航空局）开展持续主动的合作与协作，确保全球范围内的部署。”

第Ⅳ阶段的计划没有实现。但是，在 MUA 的评估报告成功发布后，国防部采办委员会批准了并行开展 EMD 和 LRIP 的工作，项目处于过渡到正式采办项目的早期阶段。演示验证了“全球鹰”ACTD 原型机的军事效用情况后，联合部队指挥部推荐它作为迅速投入战场的“作战型”版本。

(3) ACTD 原型机的作战部署

MUA 任务结束后，就开始制定合作部署和演示验证的计划，参加方有美国空军、澳大利亚皇家空军和诺斯罗普·格鲁门公司。目的是演示验证高空长航时无人机在海上和沿岸的监视应用，还包括确定无人机环控系统在赤道区域的高空性能,在此区域“全球鹰”在作战高度范围内达到了最低温度极限。这项工作以 2001 年 3 月进行的赤道飞行结束。无论是从技术角度还是从国际合作角度看，这项任务都是成功的。将“全球鹰”UAV-5 的综合传感器系统雷达转换为海上模式并将系统集成后，该机从爱德华兹空军基地出发，经过 24h 的自主飞行到达澳大利亚皇家空军基地（RAAFB），于 2001 年 4 月 22 日完成了从美国到澳大利亚的越洋飞行创举。

将整个 MUA 期间和在澳大利亚部署期间获得的经验，与演示验证的鲁棒性和系统有效性相结合，使得美国空军的领导能够考虑和命令这一 ACTD 设施的系统和操作人员投入 2001 年 11 月的战斗，以支持“持久自由行动”，并在 2003 年 3 月再次支持“伊拉克自由行动”。在阿富汗和伊拉克战争中，“全球鹰”原型机的成功表现令人印象深刻。

总而言之，基本 ACTD 系统中固有的革新能力，按照支持“持久自由行动”和“伊拉克自由行动”的作战部队需要，提供了战争取胜的有效信息。而与此同时，EMD 和 LRIP 活动同时进行，为美国空军的每一个当前的螺旋式开发和产品交付计划提供了升级的使用设备。

5.1.3 从 ACTD 向正式采办过渡

1998 年首飞成功后，DARPA 将“全球鹰”项目转交给美国空军管理。在接下来的两年里，空军安排“全球鹰”参加了一系列的演习、演示验证和部署，最后出具了 MUA 报告。空军在报告中建议将作战版的 ACTD“全球鹰”无人机迅速投入战场。于是，国防部制定了采办类型（ACAT） ID[①]（采办 ID 类）计划，批准在 2001 年 3 月同时启动 EMD 和 LRIP。在此期间，承包商一直在为过渡到正式采办做准备。

1999 年 8 月，从 ACTD 过渡为正式 ACAT ID 项目的最初计划以智能程序决策备忘录（IPDM）的发布开始，用它来指导系统发展以达到作战需求文件中设定的能力，使系统在整个螺旋式开发期间都遵照执行。这个策略支持为作战人员提供最初无人机情报、监视与侦察能力的快速应用，允许增量开发具有不同任务能力的备用系统。这个发展方向为 ACTD 计划的成功过渡提供基础，是无人机项目进入正式 EMD 和 LRIP 阶段的第一步。项目的基本螺旋式开发方案包括即将在螺旋 1 中开发的 Block 5 构型，在接下来的螺旋 2

①采办 I类计划属于主要国防采办计划，该类计划被采办与技术副部长确定为研究、发展、试验和鉴定费超过 3.55 亿美元或采购费超过 21.35 亿美元的采办计划，或者其他被采办与技术副部长确定为采办 I类的计划，分为采办 ID 类（ACAT ID）和采办 IC 类（ACAT IC）两类。ACAT ID 计划的阶段决策主管为采办与技术副部长，其中“D”系指国防采办委员会，该委员会在主要决策点向采办与技术副部长提供咨询。

中计划开发增强了能力的 Block 10 系统。螺旋 1 将 ACTD 构型付诸生产，还将增加 MUA 报告中推荐的能力。螺旋 2 包括集成有源电扫描阵列雷达和集成稳健信号情报（SIGINT）传感器组件的计划。保留了系统作为单一情报无人机的方案，要么具有图像情报（IMINT）传感器能力，要么具有 SIGINT 能力。

2000 年 MUA 的结果，证明了无人自主式情报、监视与侦察设备的价值，使联合部队能够开发利用它的战术。在进行这一工作的同时，便开始加速制定 EMD 计划。MUA 报告发布后，就确立了主要计划和文件，以制定 EMD 和 LRIP 计划，里程碑 II 于 2001 年 2 月成功通过了国防采办委员会的评审。EMD 合同于 2001 年 3 月开始，合同的主要框架是处理 MUA 报告的建议。“全球鹰”系统设计现在结合了系统，允许将它们无缝综合到领空和国际空域中。第一批 LRIP 产品也于 2001 年开始生产，与 2 架飞机、1 套 MCE 的采购一起于 2003 年开始交付。

2001 年夏季，为了配合“全球鹰”项目过渡到 EMD 和 LRIP 阶段，比利空军基地被定为“全球鹰”作战训练的官方机场。在比利空军基地的大量使用经验和永久性任务基地促进了“全球鹰”在国内和战区能力的综合。

“全球鹰”从 ACTD 阶段快速过渡到正式采购阶段，达到了它的主要目标：突破历来冗长的采购周期模式。空军在采购计划中将“全球鹰”无人机系统部署到西南亚用了不到 5 年的时间，该系统主要供美军中央司令部作战使用。而在执行这一里程碑的非传统采购策略时，没有模板可循，必然会遇到很多挑战，其经验教训就显得更加弥足珍贵了。

（1）需要重新修订作战试验（OT）的方法和定义

传统的指导方针要求直到完成初步作战试验与鉴定（IOT&E）之前，都保持在 LRIP 状态和推荐的限制数量为计划购买产量的 10%。这个方法对于连续采购策略相当有效，但是当 EMD 与 LRIP 并行时就有问题了。在“全球鹰”项目中，相对少量的生产使得进退两难的局面更加严重。在最初两个批次的生产中，向空军提交了 6 架飞机，已经超过了 54 架 10% 的计划购买量。按照项目计划，在 2008 ~ 2009 年的 IOT&E 事件中，向空军的提交量已超过产量的 50%。推动 IOT&E 进度表的关键路径要素不是无人机系统的交付，而是将准备供系统长期使用的支持要素放在适当位置上的过程。

“全球鹰”采购策略要求用一种不同的方法执行 OT 的重要任务。像“全球鹰”这样的项目更需要依赖“无缝验证”，设计出这个术语，是为了描述研制试验（DT）和 OT 需求。需要通过杠杆作用来影响每个试验事件，以达到 DT 和 OT 的目标，同时保护 OT 人员独立报告的权利。当有意义的技术增量随着螺旋进入无人机系统时，这些联合试验行动可以用专门的小型 OT 事件进行补充。在部署“全球鹰”这样的系统时，这些专门的 OT 事件应该尽可能多地以杠杆作用影响部署的活动。如果我们能够对实际战斗中的系统进行评估，为什么还要试图模拟战斗环境呢？

最后，修订的 OT 概念必须为成熟的支持概念提供一种组合方法。在传统计划中，支持概念是在研制阶段定义的。当并行开展研制和生产时，支持概念将会在系统投入使用时成熟。当技术随着螺旋进入无人机系统时，我们必须把支持概念螺旋进去，而不是等到在期望的最终状态进行 OT。

（2）需要加速制定后勤保障计划

在“全球鹰”项目的 ACTD 阶段里，无论是 DARPA 还是空军，都没有计划为后勤保障投入大量资金。这与 ACTD 的原则相符，即快速开发原型机硬件并将它交到使用者手中，以评估系统的军事效用。在对系统的价值进行评估之前，都在刻意地限制项目的投资。这个方法是合理的，但是当项目快速过渡到生产阶段时，却在后勤保障方面出现了挑战。

传统的采办策略，是在 EMD 阶段制定后勤保障计划，典型的方法是为制定战略后勤保障计划而进行后勤保障分析，包括确定备件、保障设备、训练和技术数据的需求。在“全球鹰”项目中，在商议第一批次的产品时，没有良好的信息可供作决定。项目最终根据有限的后勤保障分析进行投资，虽然起步晚，但还是赶上来了。

反思过去，诺斯罗普·格鲁门公司本应该在早得多的时候就开始制定后勤保障计划。事实上，他们在 1999 年错过了启动这个程序的大好时机。当 MUA 的最初结果表明国防部将从 ACTD 过渡到正式采办项目时，空军授予了“EMD 之前”合同。这是当他们完成 MUA 和里程碑决定程序时，解决有限技术问题的过渡性合同。“EMD之前”合同是制定后勤保障计划的一个有效途径，包括确定保障设备需求和利用ACTD数据填充计划备件模型。这种方法为确定早期后勤保障策略并将它们应用于第一批产品的合同提供了基础。

(3) 应尽早评估承包商的能力，以适应大型采购项目

1995年，DARPA将最初的“全球鹰”ACTD合同授予了特里达因·瑞安航空公司为主的承包商团队。在短短3年的时间内，年度资金就从8000万美元/年增加到3亿美元/年以上。为了与投资增长相适应，总承包商的雇用人数从200人增加到800人。这导致当诺斯罗普·格鲁门公司后来收购特里达因·瑞安航空公司时，承包人也发生了改变。

以特里达因·瑞安航空公司的管理工具和人员技术，要管理一个较小的项目还是足够的，但是要运转一个大型的ACAT ID项目就不能胜任了。一个例子是，他们缺乏一个将项目各个方面，包括各个EMD螺旋、生产批次和开发活动连接起来的包罗万象的综合主计划（IMS）。还有两个重要的过程也不够成熟：风险管理过程和挣值管理系统。诺斯罗普·格鲁门公司的管理已经是稳健有序了，但是，从ACTD向EMD/LRIP过渡得不够快，还不能阻止计划的变动。实际上，项目突破计划的成本目标，部分原因是在项目早期没有适当的管理工具。

由特里达因·瑞安航空公司来执行ACTD计划无疑是一个很好的选择，但是，空军在从ACTD向EMD/LRIP过渡时，面临着两难选择：要么选择一个更好的团队，要么沿用现有团队而采用更适宜的管理工具和技术。事实是，这两样空军都没有选择，而是将接下来的合同授予了诺斯罗普·格鲁门公司。空军进行了政府—承包商评估，校正了大部分确定的工具/技术缺陷。回首过去，项目从ACTD过渡出来时，早就该完成这一步工作了。

(4) 应尽早制定加速生产计划，以满足后续批次要求

在传统采购策略中，制定生产计划和流程开发是EMD的重要元素，代表EMD中的M。而当“全球鹰”项目推进到同步的EMD/LRIP阶段时，却几乎没有制定什么生产计划，仅仅是在继续ACTD的流程。这项工作对于Block 10的生产来说是很合理的，但进入Block 20很快就遇到了麻烦。随着

海军海上演示验证需求的增加，Block 20 增加到 6 架飞机和多个地面站，这对项目生产速度的要求是先前没有准备好的。

一个主要的项目是飞机原来有效载荷和综合传感器组件的交付。在ACTD 阶段，雷神公司在实验室里利用包含大量人工的过程制造出了传感器组件，这种方法对于有限的 ACTD 采购来说是恰当的，但是对于较长的生产周期功效就不大了。在快速过渡到生产的过程中，在制定高效生产计划时，既不能安排时间也不能安排资金。当雷神公司努力实施 ACTD 程序时，这显然变得很痛苦了。

一位空军的官员后来说："我们现在已经从早期的挑战中恢复过来了。回顾过去，我们需要比当初那个时候更早地制定生产计划。我们利用 EMD 之前的生产合同进行描述可能比开始制定从 ACTD 到 LRIP 生产过渡的计划的时间还要早。此外，空军可能已经包括了专用测试设备（STE）首批产品评估的资金。当'全球鹰'项目快速进入生产阶段时，我们把硬件纳入了预算，但却没有把需要执行高效生产程序的 STE 评估包括进来。我们现在知道，一些 STE 会随着生产成本的降低而自动补偿，当我们提高产量时，这是最基本的。"

5.2 EMD 和 LRIP 阶段的开发采购策略

2001 年，"全球鹰"从 ACTD 进入 EMD 阶段，所产生的能力不能充分满足用户的需求，而且按照 EMD 和后续阶段的初始计划，需要 7 年时间才能达到要求的性能。美国空战司令部（ACC）的指挥官对"全球鹰"提出挑战，要求更快地将增加的能力投入战场。

为了应对 ACC 指挥官的挑战，"全球鹰"团队于 2001 年夏季对项目进行了更改，以充分利用螺旋式开发方法的优势。用户举行了"需求会议"，为的是比基于作战需求文件的传统方法更快地捕捉渐进需求。结果产生了一个动态的项目，能够适应动态的需求，并能更快地将新能力投入战场。2001 年夏，"全球鹰"成为一个革新项目，基于指导和资金，变成进入年度生产线的真正螺旋式开发项目。

5.2.1 渐进式采办与螺旋式开发

美国国防部指示文件 DODI 5000.2（2003 年版）规定了渐进式采办策略的两种实施方式：一是递增式发展方式，该方式在项目初期确定好每个批次的能力要求和性能指标，并根据技术成熟程度分批次发展项目，适合周期较短（1 ~ 5 年）的项目；二是螺旋式开发方式，该方式在项目初期只确定系统的最终能力要求和初始批次的性能指标，并且根据用户反馈、技术成熟程度、风险管理等来确定后续批次的能力要求和性能指标，适合周期较长（5 年以上）、技术复杂的项目。美国国防部指令文件 DODD 5000.1（2003 年版）规定螺旋式开发方式是渐进式采办的优选方式。

美国国防部采办长官在向国防部和各军种高层官员发布的一份备忘录中对“螺旋式开发”和“渐进式采办”两个概念的定义以及二者的关系做了进一步解释。“螺旋式开发”和“渐进式采办”的动机是相同的，旨在降低项目寿命周期和加速交付先进能力。螺旋式开发贯彻实施渐进式采办策略。

5.2.1.1 渐进式采办

渐进式采办是 ACTD 项目不可分割的一部分，大多数 ACTD 项目都采用这种渐进式的采办方式。它是与美军传统的一步到位采办方式相对的概念。一步到位采办方式是在冷战期间发展和完善起来的一套成熟的采办程序，要求项目一次性交付全部作战能力。该方式对发展军事需求明确的大型武器系统发挥了重要作用，是美军 20 世纪后半期的主要采办方式。

美国国防部将渐进式采办定义为：该方式“基于经相关环境验证的技术、阶段性的需求和经验证的制造或软件配置能力，在较短时间内定义、开发、生产（或购买）和部署首批软硬件（或模块），提供 60% ~ 80% 的最终作战能力。后续批次产品采用成熟的新技术，不断改进武器系统，陆续提升作战能力。”这是美军积极倡导的采办策略。

现代武器平台如坦克、军舰、战斗机等的服役时间短的大概十多年，长的可达 20 ~ 30 年以上，而高新技术产品更新换代很快，最短的技术寿命只有 2 ~ 3 年。2000 年 10 月 23 日，美国国防部颁发了两个关于装备采办管理的国防部指令和指示文件，即 DODD 5000.1《国防采办系统》和 DODI 5000.2《国防采办系统的运作》，提出推行阶段渐进式采办策略，目的是尽快把新技术、新设备及时地用于武器平台。为此，美国国防部倡导开放式和模块式设计，同时要求作战部门尽量提供阶段性的军事任务需求。2002 年 7 月，美国国防部发布渐进式采办与费用作为独立变量（CAIV）的模板。美国国防部负责采办、技术与后勤的副部长奥尔德里奇要求，到 2002 年底，100% 的国防项目都应制定一份渐进式采办计划和一份 CAIV 计划。为快速向军队交付可接受的、具有持续作战能力的产品，并提供兼容后续功能改进的核心系统，2003 年 5 月 12 日，美国国防部长办公室签署了重新发布的 DODD 5000.1 和 DODI 5000.2，新 DOD 5000 系列特别强调了渐进式采办策略。图 5–4 显示了渐进式采办策略的一般模式。

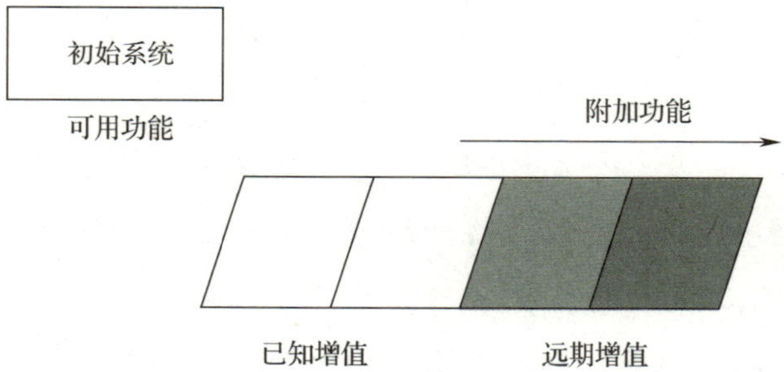

图 5–4 渐进式采办模式

渐进式采办模式包括一个初始的可供使用的功能模块（最简核心系统）以及后续功能增值模块。初始（核心）模块是完全可保障可改进的系统，并能满足用户定义的初始功能需要，该初始功能不依赖后续增值就可运行。每个增值模块都是一套明晰的计划活动，这些活动使得用户要求的作战能力得以最终提交（注意每个增值模块应该满足特定用户的需要并被系统完全支持）。早期的增值模块相对清楚，但远期的模块则可能完全不了解。初始模块之外的增值可以采用新开发和提交的技术能力来实现，它为系统采办过程嵌入新技术提供了更多的机会。这种方式不但能有效降低采办成本或加速新功能的试验，还能基于用户反馈、测试和试验来不断地精练提高系统能力。渐进式采办模式的主要特征如下。

（1）增值方式。项目被分解成许多阶段和增值模块，然后通过逐步增加的方式研制并获取一个增值模块可能包含的多个研制活动的循环，包括从规格说明到设计，再到测试、投入运行以及维护，每个增值模块都能使系统整体能力进一步增强。

（2）基本明确的整体功能。系统整体的主要功能需求在设计和研制之前要基本明确，但允许在项目开发过程中，功能需求有限地延伸到事先达成的界限之外。

（3）初始系统需求说明。在项目初始有一个对最简功能系统以及某些优先需要的增值模块功能的详细需求说明，其他需求将在项目进行过程中逐步提炼出来。

（4）灵活的框架结构。系统应该能兼容每个新发布的功能，这包括对那些需求尚未明确的模块的支持，因此，系统结构必须灵活、可升级、可扩展和可维护。

（5）用户参与。用户在研制过程中要积极参与，并对功能需求进行不断的评审，特别是用户通过在实际操作环境下对系统早期提交功能的使用和审查，能大大提高采办活动的有效性。

（6）多重合同。第一阶段的合同通常以最简功能系统以及一些能被明确规定的附加增值模块为合同标的。之后的功能模块内容与价格将在每个新阶段的开始经过谈判确定，并达成新的合同。虽然后续阶段的采办往往依靠同一供应商，但却不能绝对保证。

渐进式采办模式的突出特征是它对每个系统增值的说明、设计、实施、测试、提交、操作以及维护。每个增值的发布都能改进系统能力直至达到完全能力。用户能在早期就接触到已发布的系统，并被鼓励对系统的表现能力提供反馈，这些反馈十分有利于系统演进中对功能需求的适当修改。如果这种反馈方式遵从一定的纪律规则，则最终将可得到比初始总体设计能力更强的相关武器系统。

渐进式采办项目分为多个批次实施，初始批次提供初始核心能力，后续各批次陆续增强能力。根据技术的成熟度和相应的进入准则，初始批次可以从项目全寿命管理中的里程碑决策点 A、B 或 C 进入采办程序，后续批次可以从“技术开发”阶段进入或直接进入“系统开发与演示验证”阶段（决策点 C 前）。各批次阶段划分如图 5–5 所示。

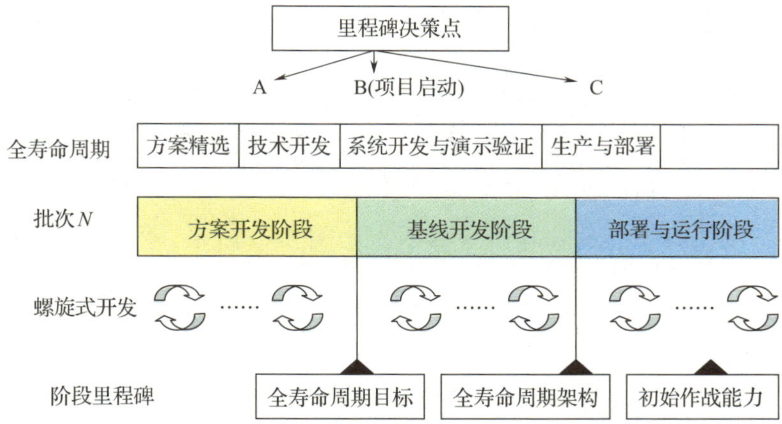

图 5–5 渐进式采办各批次阶段划分示意图

各批次之间存在着相互衔接的关系：一是前一批次基线开发阶段结束时下一批次启动，新技术成熟或其他环境变化时可以提前启动下一批次；二是先行批次为后续批次提供反馈和经验，使先行批次不能满足的需求在后续批次中得到满足；三是不同能力领域批次可能并行发展；四是各批次部署的系统可能同时被用户使用。

5.2.1.2 螺旋式开发

渐进式采办模式与螺旋式开发过程是密不可分的，渐进式采办在设计、试验、分析、研发和改进的每一次递进过程中都采用螺旋式开发过程。如果渐进式采办是提交战斗能力的策略，则螺旋式开发就是开发、精练和预备实战能力的过程。

根据美国国防部的定义，螺旋式开发是指“为研制一次增量要求所规定的一组能力进行的重复迭代过程。这个过程为用户、试验部门和研制部门之间提供了接口机会。在此过程中，通过试验和风险管理，以及连续反馈，对要求不断精练，可在一次能力增量范围内为用户提供最佳的能力水平。每次增量可能包括多个螺旋型过程”。其中，增量或模块是指“一种可被有效地研制、生产或采购、配置和持续使用的军事效用和保障作战能力。每一次能力增量应有其用户指定的一组门槛值和目标值”。

从螺旋式开发的定义中可以看出，这个循环过程包含了采办项目各利益相关者的合作，且考虑到了风险或风险管理。风险和所有的项目规划都相关，因为项目规划都会演变且这种演变包含了与威胁、技术和用户需求相关联的变化，风险水平与这些因素都相关，因此，螺旋式开发的实施将强调与概念和技术发展相联系的风险，并做好基线规划，促使最终系统的顺利提交。一个单一螺旋式开发包括从需求精练出功能目标、设计、编码、制造、组合、试验、测试、评估操作效果、交易和系统提交，如图 5–6 所示。

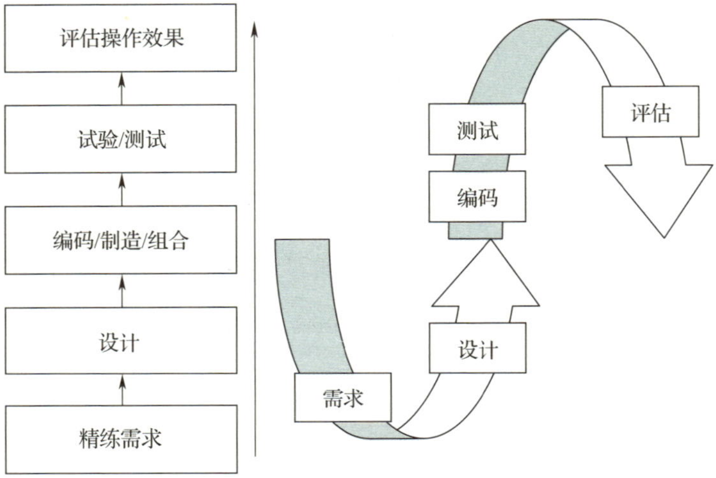

图 5–6 一个单一螺旋式开发

图 5–7 显示了增值中的螺旋式开发，每个增值包含一个或多个螺旋式开发，若把单个增值与整个采办过程作对比分析，它们之间具有某种相似性，或者说单个的增值采办是一个小规模的武器采办过程。每个增值由三大步骤组成：概念开发、基线规划、投入运行。其中，概念开发等同于采办过程里程碑 B 之前部分，即采办前期活动；基线规划对应于里程碑 B 之后的过程，包括研制生产和功能模块的部署；投入运行对应于维持阶段的活动。其中，各相关概念解释如下。

（1）概念开发

使新概念、想法和技术逐步成熟为清晰的需求说明。这些活动可以从正式的采办规划中分离出来。新的概念和想法产生于系统运行中新的需要或系统表现出来的缺陷、新技术机遇、新颖的主意等。这种概念在一开始只是某个目标或假设的一般性描述，之后通过各种分析、迅速的原型改进、试验、模拟、操作评估和 / 或实际演练而变得成熟。概念开发过程的管理就是决定是否重复、继续或中断螺旋式开发，还要考虑相应的遗留风险、投资回报和净利润。

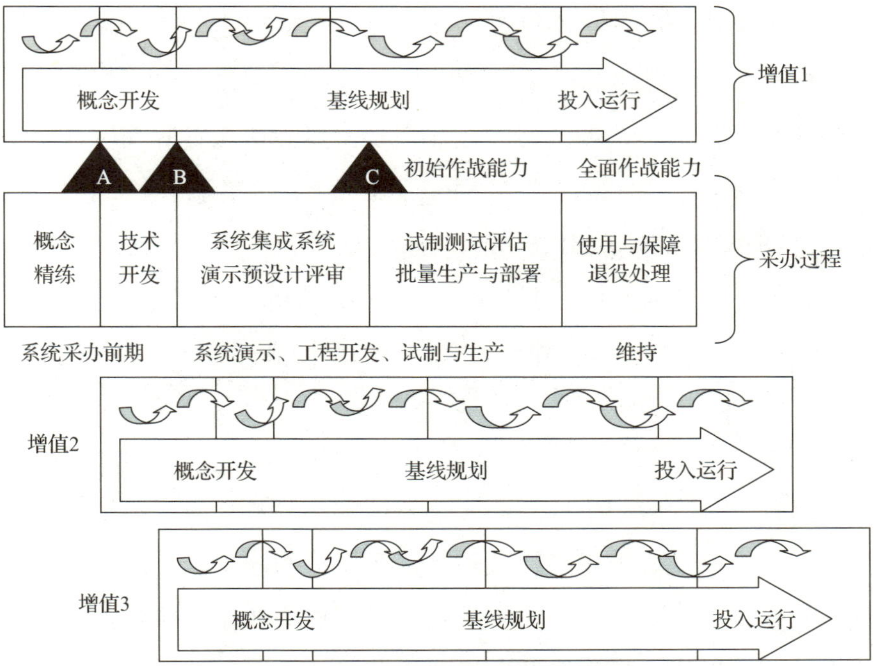

图 5—7　增值中的螺旋式开发

概念开发与系统操作者不断的参与相关联（包括对初始系统的操作）。

（2）基线规划

它来自于概念开发阶段形成的功能需求说明，然后精练、组合并测试这些功能，使之成为可投入运行的备用方案。这些活动是正式采办过程的组成部分，采办组织，如系统规划部门，通常会在用户经常的参与下领导、管理并执行该活动。基线规划活动还包括培训合适数量的用户，并使之参与相应系统功能的投入运行。基线规划过程只有在用户接受增值的实际运行效果后方能结束。

（3）投入运行

运行对象来自基线规划的子系统（系统），该活动是正式采办过程的组成部分，起初投入运行的系统通常只是系统的核心（初始）功能，最终系统只是想象的。系统操作者的反馈将用来改进或改变后面的增值模块，甚至改变想象中的最终系统的描述。

螺旋式开发过程用来将概念与技术转化为界定良好的功能需求，还用来将增值模块精练成可供投入运行的功能，或者一旦经过实战演练，就可以升级已有的系统功能。每个螺旋式开发的结束都影响到概念开发或基线规划的

确认与否，如果得到确认，则这种确认反过来又使得螺旋式开发过程沿着开发出来的概念和基线规划顺利前进，直至最后提交实战系统，如果得不到确认，则必须停止该增值过程，因为它不是在朝着需要的功能发展或所开发功能不再是系统的目标。

5.2.1.3　与传统采办模式的比较分析

传统采办模式的大设计采办（GD）和递增采办（IA）已经在国防项目中得到广泛应用，也得到了较好理解。大设计采办是最普遍的传统采办模式（也被称为 big　bang 模式）。它要求整体一次设计和每一次完成一个步骤，比如确定用户需求、定义需求、设计系统、实施系统、测试、安装和提交，它倾向于一个线性过程，每一个活动完成是开始下一个活动的关键前提。合同一般能覆盖一个单一的主要项目，且项目具备完整的需求定义。递增采办的系统设计、开发和生产可能发生在一系列阶段提交的功能模块中，每一次完成的功能模块都可以进入操作系统，增加先前已提交系统的能力。递增采办通常由一个合同管理，它与渐进式采办的主要不同在于它的需求说明和整体设计在研制活动开始之后往往不能改变。对渐进式采办和上述两种传统模式主要特征的比较见表 5–2。表 5–3 比较了大设计采办、递增采办、渐进式采办 3 种模式的效果、资源需要和风险。

表 5–2　渐进式采办与大设计采办、递增采办模式的特征比较

特征	大设计采办	递增采办	渐进式采办
需求	项目开始即明确，整个项目过程中保持相对稳定	项目开始即明确，整个项目过程中保持相对稳定	框架需求的大概定义，开发过程中逐步提炼需求
设计	早期明确	早期明确	早期明确结构设计和初始功能，其他功能的详细设计逐步改进
活动	采办活动顺序发生	采办活动顺序发生	重复发生或同时发生
交付	一次交付	递增交付	递增交付
合同安排	竞争性投标，获胜者赢得整个系统的合同	竞争性投标，获胜者赢得整个系统的合同	第一阶段竞争性投标，有改变后续合同供应商的可能性
成本	假定在合同开始就知道，设最高限额	假定在合同开始就知道，设最高限额	假定只知道第一阶段的成本，估计整个系统的成本并设限
用户参与	相对较少	相对较少，但从中期实战系统的运用中得到一些反馈	必需的，用来修改后续增值模块的需求

由此可以得出这样的结论：

（1）各采办模式之间各有优劣，它们都有其各自相对适应的采办项目；

（2）对于特别适合传统采办模式的项目而言，采用渐进式采办模式的成本反而更高、采办时间也更长；

（3）渐进式采办模式特别适合采办过程中存在许多技术改进机遇的项目，它能有效降低因技术进步引起的武器系统性能风险，始终为用户提交先进的武器系统；

（4）对于适合渐进式采办模式的项目，如果采用传统采办模式，则很可能导致项目的失败，并最终蒙受巨大的经济损失。

表 5–3　不同采办模式的效果、资源需求和风险

		大设计采办	递增采办	渐进式采办	渐进式采办可能的绩效评价
采办效果	绩效	★	★★	★★★	可能使整体绩效更高
	项目成本	★★★	★★	★	成本较高（与成功的大设计采办、递增采办项目相比）
	进度	★★★	★★	★	时间更长（与成功的大设计采办、递增采办项目相比）
	需求说明	★	★	★★★	质量更高，且对后续需求改变负责
	早期能力	★	★★★	★★★	允许早期能力提交给用户
	技术改造	★	★	★★★	满足技术变化的需要
	项目控制	★	★	★★★	为项目控制和可视性提供更好的机会
资源需求	用户参与	★★★	★★	★	需要用户更好的参与和贡献
	采办者资源	★★★	★★	★	更多经过良好培训具备经验的采办员工
	供方资源	★★★	★★	★	更多经过良好培训具备经验的供方人员
风险控制	管理风险	★★★	★★	★	更难管理
	目标风险	★	★★	★★★	最终系统更能满足用户需求
	变化风险	★	★★	★★★	因需求的变化导致风险较低
	规划风险	★★★	★★	★	因结构规划的不充分引起风险更大
	技术风险	★	★	★★★	技术的进步不会引起问题
	资金延迟	★★★	★★★	★	各增值阶段更易受到资金不到位的影响
	供应商选择	★★★	★★★	★	对选择合适的供应商更敏感
	合同风险	★★★	★★★	★	后续合同面临初始供应商报价过高的风险

注：星号越多代表结果更好、资源需求和风险更低，即更优；始终假定大设计采办、递增采办项目都是成功的；各星号比重只是指示性的，并不具备实际应用价值。

“全球鹰”无人机项目是美国国防部执行渐进式采办的一个典型案例。作为渐进式采办和螺旋式开发的先遣者，“全球鹰”项目的经验教训是无价的。

5.2.2 “全球鹰”项目的螺旋式开发计划介绍

最初拟订的“全球鹰”项目的螺旋式开发方案如图 5–8 ～图 5–10 所示。初始能力是最基本的，空战司令部的指挥官对项目组提出挑战，要求将增加的能力更快地投入战场。虽然项目办公室把初始计划吹捧成“螺旋式开发”，但它在主要思想没有转变之前，不会对用户需求做出反应。这种主要思想的转变就是原始项目的改革。项目办公室和承包商采用前两个螺旋来检验投入战场的能力特性。这两个螺旋各历时 3 ～ 4 年，第二个螺旋沿用了第一个的模式和逻辑。

2001 年夏季，“全球鹰”成为一项改革项目，基于指导和资金，变成了一个能够执行年度生产线计划的真正螺旋式开发项目。按照签订的渐进式采办合同，“全球鹰”无人机项目共包括 6 个“螺旋式开发”阶段。“全球鹰”项目每年启动一次新螺旋，各螺旋有不同的预期能力。它的 6 个“螺旋式开发”阶段见表 5–4。

螺旋 1，确定“全球鹰”验证机的初始作战能力，包括改良通信能力、加速任务设计并找出既有缺陷。此阶段已在 2003 年第一架生产型“全球鹰”交机时完成。螺旋 2，重点是改进机身结构和动力系统，包括提高总重量、续航能力、承载力及更换新型机翼，并扩大传感器的侦察搜索距离，提高低频信号情报的初始快速反应能力。螺旋 3 的性能测试安排在 2004 年底，包括组装初始防御辅助装备、同步探测影像录像、经由卫星传输高频信号能力及为螺旋 4 预先铺路的主动电子扫描阵列雷达。螺旋 4 将强化设计可靠性与生存能力，定在 2006 年底实施。主动电子扫描阵列雷达定在 2009 年开始安装。螺旋 5 和螺旋 6 将融入更多的能力，并提高可靠性，同时也给未来嵌入技术提供机会，以提高“全球鹰”的任务适应性。空军计划在未来全面生产时开始提升螺旋 5 和螺旋 6 的性能。

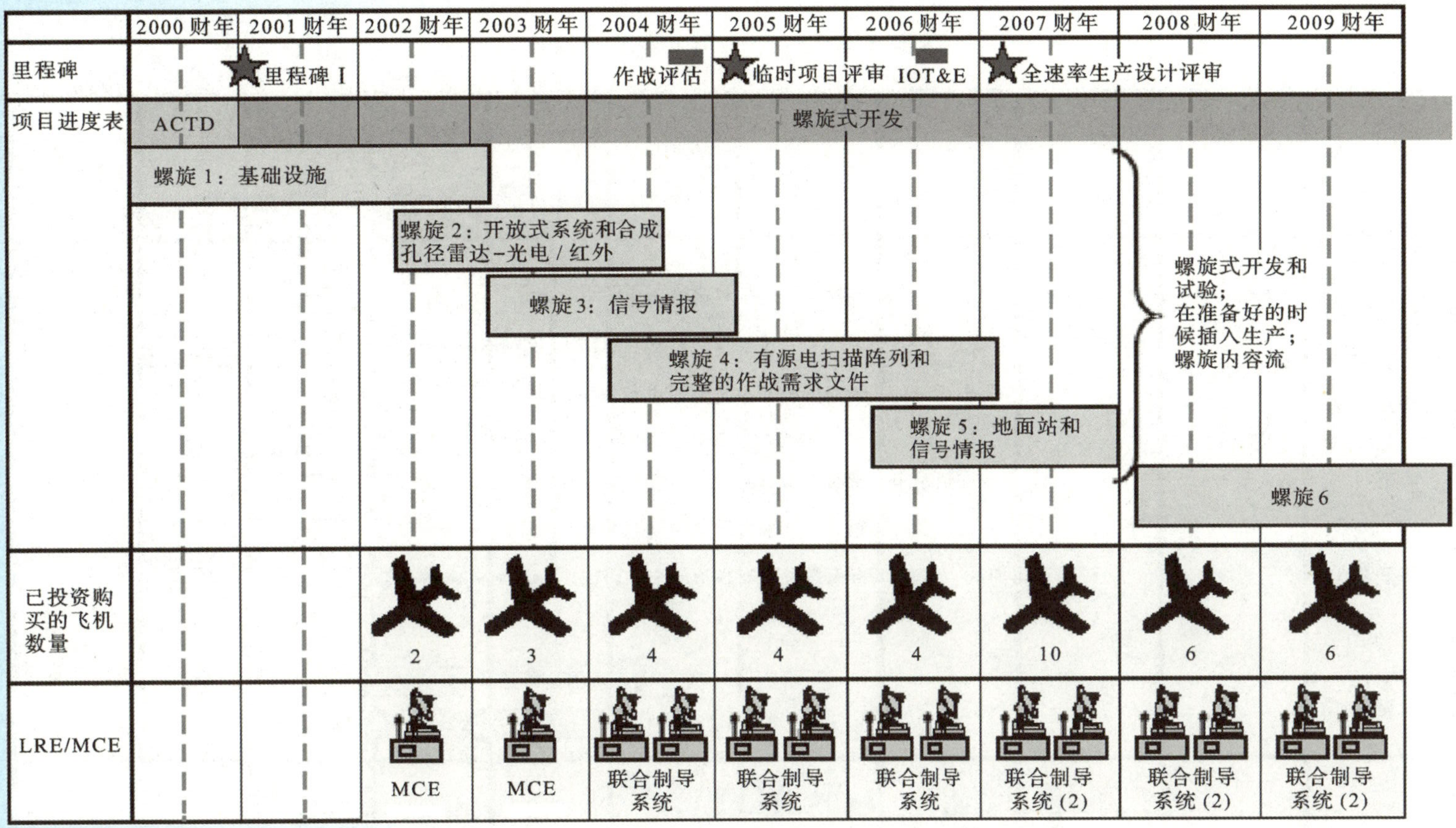

图 5–8　2001 年“全球鹰”项目的螺旋式开发初始方案

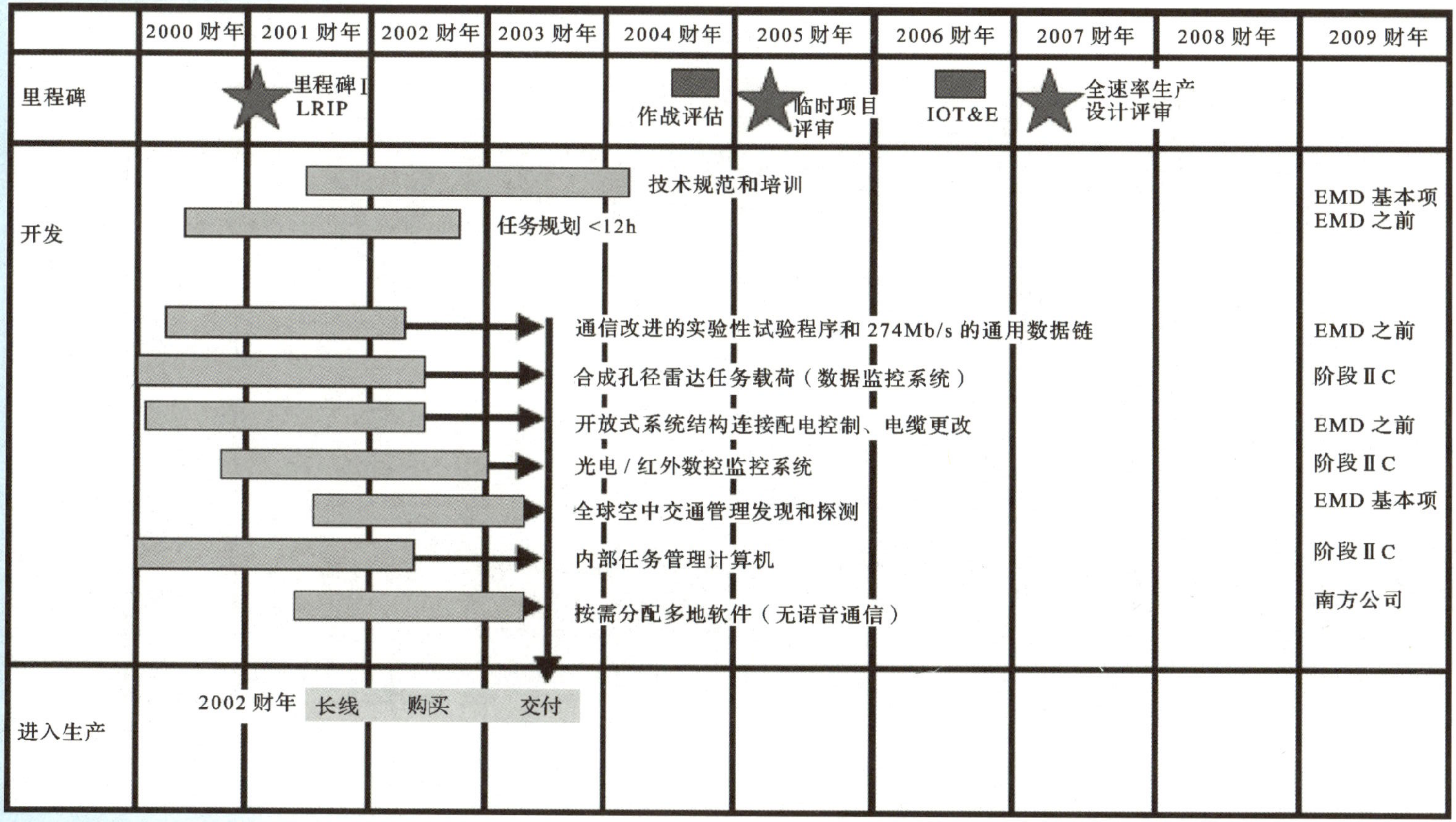

图 5—9　为交付基线能力而设计的初始螺旋

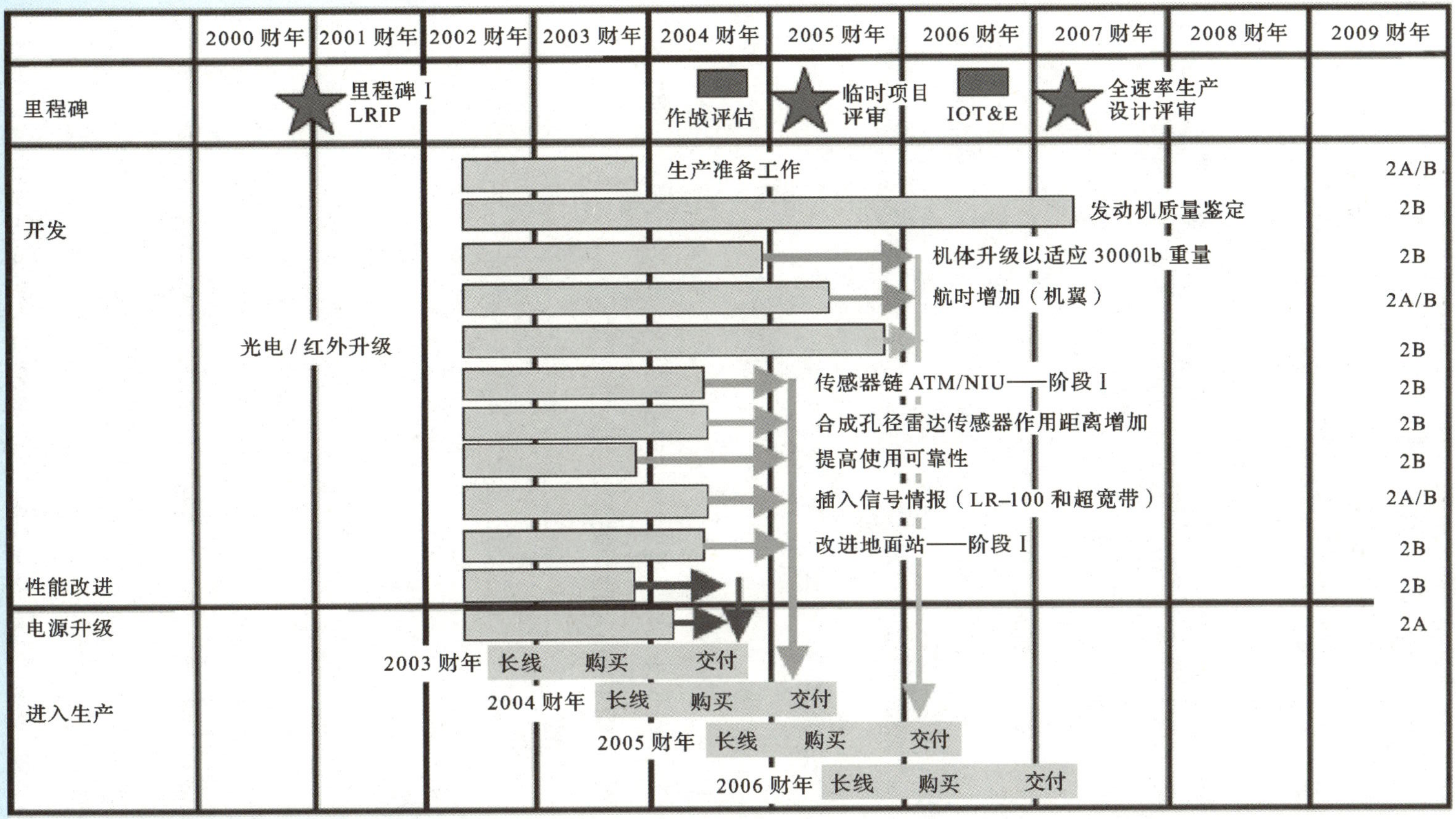

图 5–10 为了将升级计划付诸生产而设计的二级螺旋

表 5-4 "全球鹰"的螺旋结构

螺旋 1	使现有系统投入运行——全球范围的作战能力
	可持续的保障系统
螺旋 2	扩展的图像情报，初步信号情报
	近地平防区外光电 / 红外 / 合成孔径雷达
	增强的图像情报，有限的信号情报
螺旋 3	全频域信号情报——支持中等规模交战的信号情报
	机械级的地平线综合
	防御威胁感知
螺旋 4	改进的雷达——跟踪质量地面移动目标识别
	空中监视
	提高的空域作战和生存性
螺旋 5 ~ 6	全频域作战——完全地平线综合
	扩展的通信
	极端环境 / 核、生、化作战图

5.2.3 "全球鹰"项目的两次调整

2001 年 3 月，"全球鹰"项目同时启动了 EMD 和 LRIP。在这个阶段里，计划做了两次重大调整，增加了新的需求，要求在更短的时间内开发和生产全新和更大型的飞机（即 RQ-4B），"全球鹰"的开发和采购管理策略也相应改变。下面具体剖析在此期间的开发和采购管理策略。

5.2.3.1 调整内容

2001 年 3 月，基于验证机演示验证和作战使用的成功，国防部批准"全球鹰"同时启动系统开发和 6 架飞机的 LRIP。空军计划慢慢开发更先进的性能并采购 63 架飞机。

2002 年 3 月，为了将第二架样机（即 RQ-4B）包括在内，国防部调整了采购策略。新的策略包括 51 架飞机、10 个地面站、多个情报传感器、保障设备和设施，价值 63 亿美元。在将要购买的 51 架飞机中，7 架为 RQ-4A，44 架为 RQ-4B。另外，海军将购买 2 架 RQ-4A 和 1 个地面站，价值约 3 亿美元(包含研制成本)，以评估飞机在 BAMS 项目中的潜力。

2002 年 12 月，国防部再次对项目进行了调整。并非购买所有具有多种情报能力的 RQ-4B，现在购买的 RQ-4B 将融合多任务和单任务的能力。这两次调整还把 LRIP 的飞机数量增加到 19 架（最近增加到 20 架）：7 架 RQ–4A 和 12（现在是 13）架 RQ–4B。

总的来说，调整的内容是将研制时间延长 5 年，将生产时间压缩 9 年。原始计划中项目资金最初相对平均地跨越 20 年，现在压缩到近一半的时间内，这将造成从 2004 到 2010 年财年期间的研制和生产存在较大的并行性。由于这种并行性，空军计划在批生产样机试飞之前就购进占飞机总数近半的 RQ–4B，以证明其设计满足需求；同样，在机载通信情报和多平台雷达（新的更大样机要求具备这两种能力）完成研制和试飞之前，将启动批生产，以证明集成系统按预计运行。结果，研制成本增加了 3 倍，项目的总成本预算增加了将近 9 亿美元，自项目启动以来，单位采购成本增加了 44%。

RQ–4A 和 RQ–4B 这两种“全球鹰”样机存在明显的区别。新 RQ–4B 样机的有效载重能力预计要高出 50%，机身和翼展更长，而且比 RQ–4A 样机更重。国防部认为这些更改很有必要，可使 RQ–4B 包含新型先进传感器载荷，并提供多种情报能力。即使 RQ–4B 更大更重，它仍会使用和 RQ–4A 相同的发动机。表 5–5 表明了这两种样机的主要差别。

表 5–5 “全球鹰”RQ–4A 和 RQ–4B 样机的主要特性

主要特性	RQ–4A	RQ–4B
有效载荷 /kg	908	1361
起飞重量 /kg	12134	14628
翼展 /m	35	40
机身长度 /m	13.5	14.5
最大续航时间 /h	31	33
在 18288m 高空的时间 /h	14	4
在 18288m 高空的平均速度 /kn	340	310
近似航程 /km	18532	18532

除了上述区别，RQ–4B 还包括先进传感器载荷、增强的通信系统和地面站、新型多平台共用数据链和开放式系统结构，并采用更先进的技术（如锂电池和电动刹车），需要更大的发电能力，还将安装可以折进机翼的新型起落架。此外，设计的改变需要采用新的制造工艺和投入新的生产工具。

5.2.3.2 计划调整后资金需求增加

计划调整后，原始计划中的项目资金最初相对平均地跨越 20 年，调整后压缩到 11 年内，而研制时间则从 7 年延长到 12 年，总预算更高；并行开展研制和生产，致使空军在证明批生产样机按预计工作完成之前，将资金投入到占飞机总数近半的改进型 RQ-4B 当中，造成研制费用呈 3 倍增长。计划的调整在若干方面明显影响到了采购计划，总的算来，到 2012 年需要 63 亿美元才能够完成，而按照初始计划到 2012 年只需要 34 亿美元。图 5-11 表明了计划调整后的压缩情况，以及对每年资金需求的影响。计划调整，使得研制和生产活动与初始计划相比呈现明显较强的并行性。图 5-12 表明了这种并行关系。

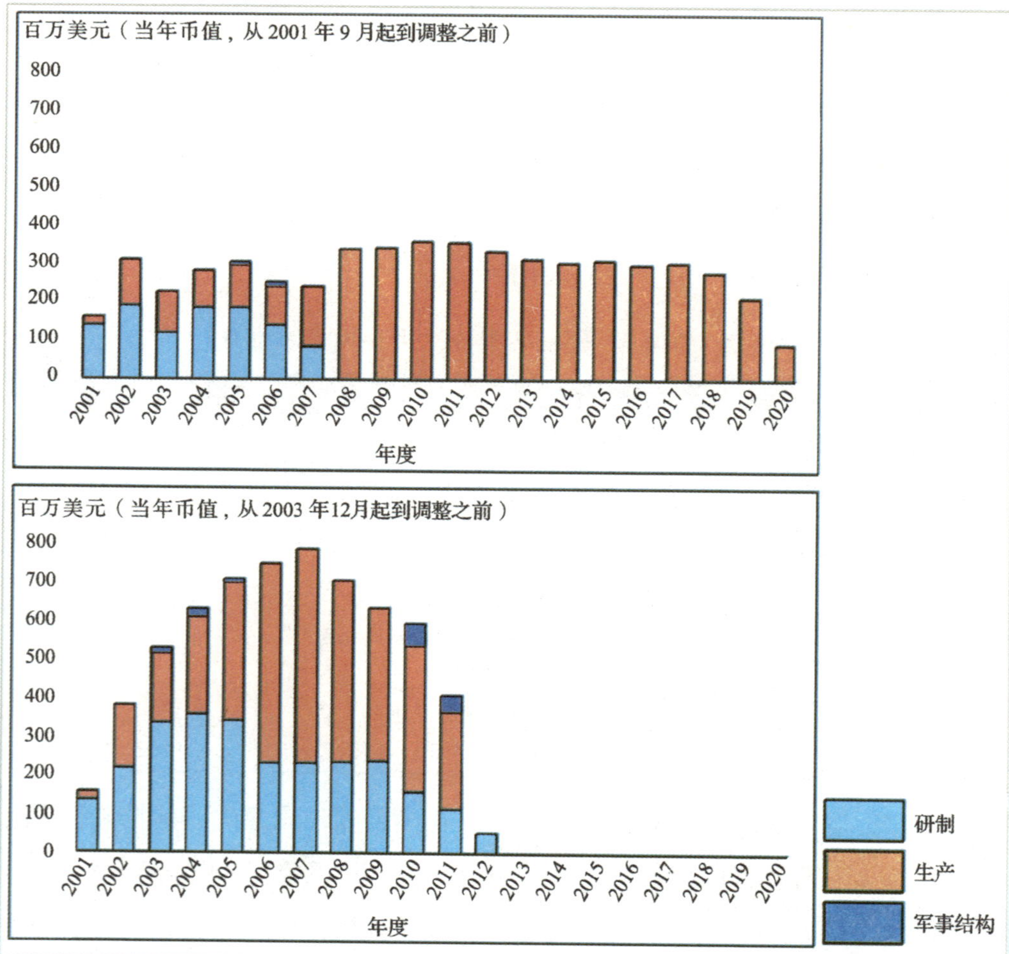

图 5-11 “全球鹰”每年的资金需求

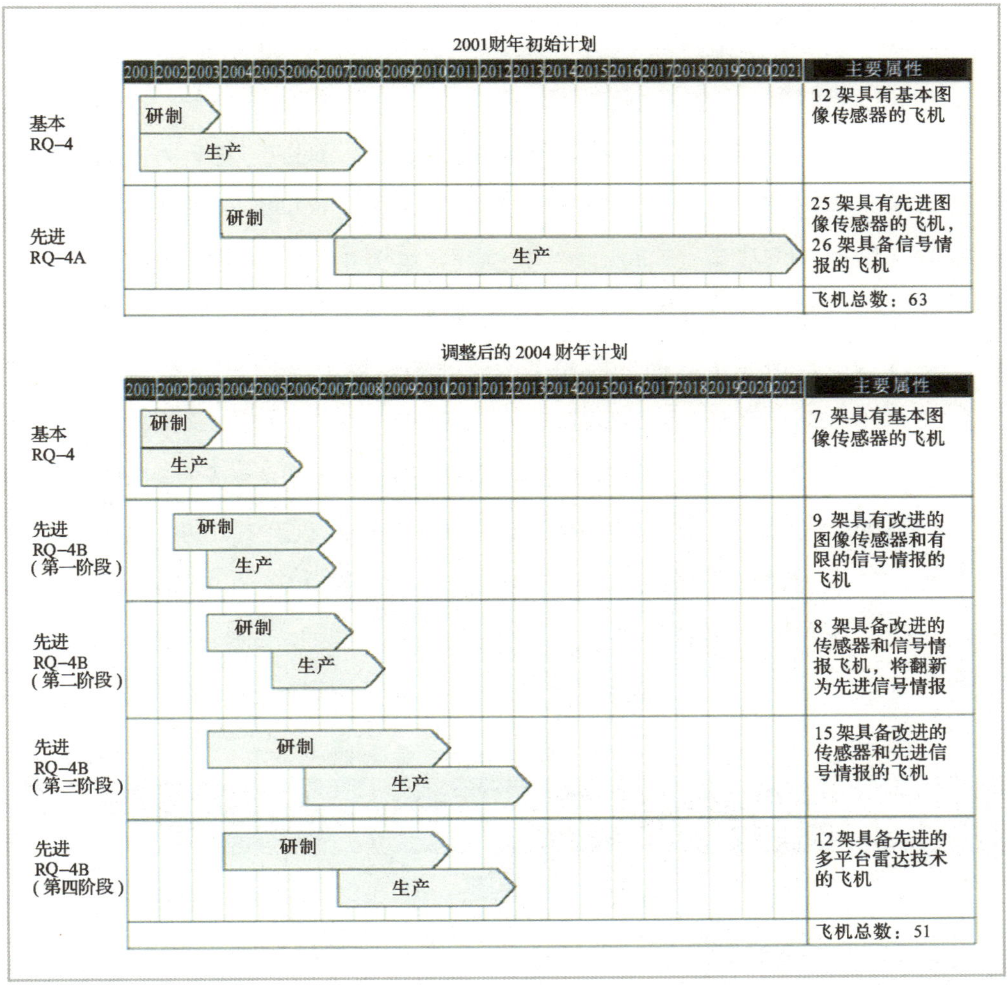

图 5—12　与“全球鹰”初始计划相比，调整后的 2004 财年计划高度并行

5.2.3.3 计划调整后成本提高

从 2001 年 3 月的 9.062 亿美元增加到 2004 年 3 月的约 26 亿美元，“全球鹰”的研制成本大约增加了 3 倍，主要是因为在项目中加入了对 RQ-4B 的需求。自从计划启动，项目的单位采购成本从 0.856 亿美元涨到 1.232 亿美元，增长了 44%。成本增加将产生经济可承受方面的问题，以及飞机在中高威胁环境下的使用问题，因为重置成本很高，飞机数量也有限。由于采购数量从 63 架削减到 51 架，且因通货膨胀，计划压缩，削减了未来 9 年的采购活动，所以从项目启动以后，总采购成本估算值有所下降。表 5-6 显示了从 2001 年 3

月开始的成本变化。

5.2.3.4 计划调整后进度表延期

由于计划、预算和其他问题，致使“全球鹰”的进度表延期。空军和承包商官员称，进度表延期的主要原因是“全球鹰”的早期原型机偶然地应用于阿富汗和伊拉克战争，“全球鹰”系统（包括大量的空军和承包商人员、地面站和保障设备）被用于支持作战行动和未来部署。

进度表延期造成了其他一些相关的时间表相继延期，如：RQ–4A 的作战评估延期；在测试中发现了质量和性能问题，致使第二架 RQ–4A 生产型飞机政府验收延期；“全球鹰”第一阶段研制和使用的联合测试完成时间延期等。

计划调整大大增加了项目风险和技术风险。美国政府责任办公室（GAO）在 2004 年的一份报告中建议改变“全球鹰”的采购策略，以降低项目风险。而国防部和承包商正在采用渐进式采办和螺旋式开发的方法来开发采购“全球鹰”飞机。他们认为，用这种方法能够很好地了解风险并掌控风险。

表 5–6“全球鹰”项目的成本、数量和单位成本 百万美元

	2001 年 3 月（初始计划）	2002 年 3 月（首次调整）	2003 年 3 月（第二次调整）	2004 年 3 月（本年情况）
总成本[①]				
研制	906.2	2311.0	2395.6	2587.9
采购	4459.8	4388.9	3278.5	3552.2
军事结构	28.0	146.7	140.8	140.8
总项目	5394.0	6846.6	5814.9	6280.9
数量				
飞机 / 架	63	51	51	51
地面站 / 个	14	10	10	10
单位成本[①②]				
总项目	85.6	134.2	114.0	123.2
仅采购	70.8	86.0	64.2	69.6

①总成本以当年的百万美元为单位计，包括通货膨胀，代表空军的预算计划。

②总项目的单位成本是用采购计划的研制、采购和系统专用军事结构的总成本除以将要生产的飞机数量计算得出的。单位采购成本是总采购量除以将要生产的飞机数量，不包括研制和军事结构的成本。

5.3　2005年以后的开发采购策略

与2001年的初始计划相比，2005年以后的“全球鹰”项目遭遇了研发和采购成本增加、进度表延期和质量问题，需要对计划进行重大调整。

5.3.1　恢复为传统采办项目

2005年6月14日，美国《每日防务》公布的消息称，美国空军决定将一度作为快速研制与采办项目典范的“全球鹰”项目恢复为国防部更传统的批次项目类型。

随着军方对“全球鹰”系统要求的增长，它已成为一项遭受费用超支的长线采办项目。2005年4月，空军向国会报告称RQ-4“全球鹰”的单机成本增加了18%。这将会触及纳恩－麦克迪法案的实施，该法案规定项目成本上涨25%以上将被取消或重新审定其必要性。同年11月，GAO提出飞机的预算还应包括安装智能情报传感器等改进活动的费用，这样算来，“全球鹰”的单位采购成本就增加了31%，需要由国防部长向国会提出书面证明。正是该问题导致空军决定将此高空长航时飞机从螺旋式采办向传统批次项目转变。表5-7为GAO 2006年提供的“全球鹰”项目执行情况。

表5-7　“全球鹰”项目执行情况　　百万美元（2006财年）

	2001年3月	2005年9月	变化百分率/%
研发成本	925.2	2459.1	165.8
采购成本	3836.2	3761.0	-2.0
项目总成本	4789.5	6352.4	32.6
项目单位成本	76024	124557	63.8
飞机总数/架	63	51	-19.0
采购周期/月	55	57	3.6

螺旋式研制方案在前几年经历了全盛时期，这期间五角大楼官员狂热地吹捧这一从软件行业借鉴过来的术语，称其能提供一种快速部署能力，而无

须等待综合所有要求。正如“全球鹰”项目所展现出的，渐进式研制不足的一面是这一策略通常意味着每个单位都是不同的，因此必须以高昂的费用针对这些变化进行改装。

对于“全球鹰”而言，费用增加也意味着在国会那里会遇到麻烦，国会将其列为了2006财年削减的靶子。在新的批次系统下，对“全球鹰”的某些要求可能延期到以后迭代的批次，而其他能力可以更早加入。软件升级作为潜在的延期候选项目。“全球鹰”项目的业务开发经理指出，尽管批次项目可能将某些事情推回老路，但至少能够把项目向前推进。该业务经理称，目前正在开展将先进信息架构（AIA）应用于“全球鹰”的工作。采用AIA的飞机将能够用无线传输数据的服务器取代飞机上的任务记录仪，便于地面人员直接从“全球鹰”上将数据下载到一种便携式数字助手（PDA）中。

较老的A型“全球鹰”被指定为Block 10，而后续的飞机将成为Block 20、Block 30和Block 40批。不同的批次号代表不同的能力等级，采用螺旋方式升级，越往后能力越强。根据诺斯罗普·格鲁门公司2010年公布的“全球鹰”项目计划，“全球鹰”各批次的目标见表5–8。

表5–8 “全球鹰”各批次目标

Block X 概念机	BAMS，美国海军计划； 弹道导弹跟踪，机载红外系统； 为美国海军提供短距红外测试仪、激光雷达等； 国际合作项目按需要确定新的有效载荷； 为国家海洋和大气局提供环境监测
Block 40	计划交付15架给空军国民警卫队； 多平台雷达技术插入计划（MP–RTIP）有源电扫描阵列雷达； 地面／海上雷达监视； 2010年进行IOT&E并投入战场
Block 30 （多信号情报系统）	2011年将交付26架飞机——信号情报系统投入使用； 雷神公司的增强型综合传感器系统（距离更远）； NG–MS机载信号情报任务载荷； 投入使用超过25年，40000飞行小时
Block 20	6架交付空军； 雷神公司的增强型综合传感器系统（距离更远）； NG–ES LR–100电子情报； 2009年进行IOT&E并投入战场

续表 5–8

Block 10 （ACTD 的生产型）	7 架交付空军，2 架交付海军； 雷神公司的综合传感器系统（EO/SAR 传感器）； 2006 年被美国中央司令部采用； 在比利空军基地训练，采用任务控制单元
Block 0 （ACTD）	7 架装备了综合传感器系统（EO/IR/SAR）的飞机； 1998 年首飞，2002 年参加全球反恐战； 2007 年，2 架移交给 NASA 用于环境研究； 1 架在爱德华兹空军基地作为空军试验飞机

5.3.2 项目经历第四次调整

由于诺斯罗普·格鲁门公司“全球鹰”项目被报采办成本上涨超过 25%，五角大楼于 2006 年 6 月 7 日宣称对该无人系统项目进行调整。据五角大楼称，在 Block 20/30 初始作战试验和评估成功完成前，该机生产将限制为每年不多于 5 架 LRIP 飞机。

最初“全球鹰”只是一个集成创新项目，只要求融合一些还算成熟的技术，对其要求也很合理。但项目进入采办阶段一年之后，对其要求开始逐渐加码，例如搭载新型雷达和采用其他尚未得到验证的技术，使有关原始创新的风险被引入到了项目中。接着，美国空军开始考虑将该机作为 U–2 高空侦察机的未来替换机种，后者预定在不久的将来退役。尽管美国空军没有将此以计划的形式明确并强制实施，但这种方向性的思路推动了它向该机提出许多要求，这就是导致“全球鹰”项目迄今已进行 4 次调整的原因。

图 5–13 是 GAO 提供的“全球鹰”初始研制资金与 2007 年估算值比较图。从图中可以看出，与 2001 年的初始计划相比，2007 年的研发资金呈 3 倍增长，研制计划延长了 7 年。

5.3.3 研发采购近况

在美国《防务新闻》2010 年最新公布的美军未来 30 年战机采购计划中，空军计划到 2017 年每年购买 4 ～ 5 架“全球鹰”飞机。其中，在 2016 财年将购买 11 架 Block 30“全球鹰”。总的来看，“全球鹰”项目的开发采购前景是乐观的，但也面临一些困难。

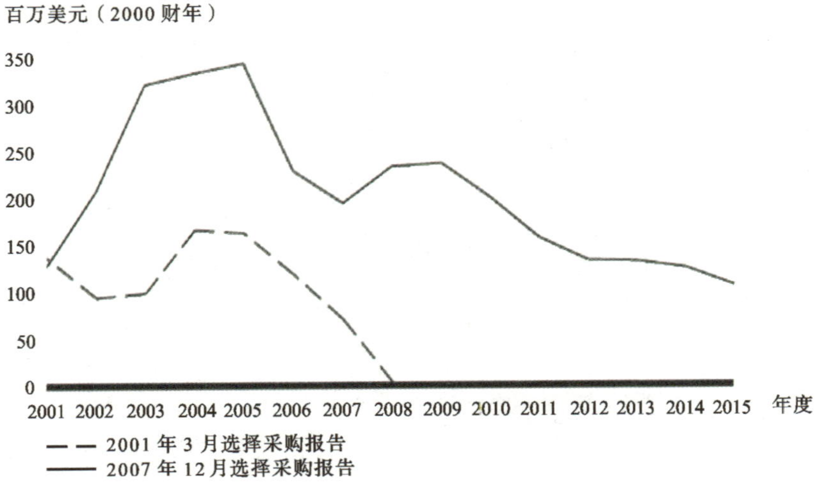

图 5—13 “全球鹰”初始研制资金与2007年估算值比较

2009年6月25日，诺斯罗普·格鲁门公司的第一架Block 40“全球鹰”下线，而此时，该无人机项目正面临着一些困难。国防部长办公室和美国空军正在解决Block 20/30“全球鹰”IOT&E延迟的细节，原计划IOT&E是在8月开始11月结束，项目预计延迟9个月。

同时，据一位项目人士称，国会正考虑在2010财年将项目砍掉一大半。空军在2010财年申请6.678亿美元以继续采办飞行器，申请3.173亿美元以继续研发。国会的举措将使得原计划在下一财年购买的5架飞行器减少3架。

尽管项目面临延迟，“全球鹰”服役的需求并没减少。五角大楼批准在2架Block 20“全球鹰”上增加战场机载通信节点（BACN）；这项通信中继计划是为了回应美军在阿富汗和伊拉克司令官的要求。

五角大楼采办负责人艾什顿·卡特在2009年6月批准了第八批“全球鹰”的生产，包括2架Block 30（将装备机载信号情报任务载荷）和3架Block 40，后者使用诺斯罗普·格鲁门/雷神的MP-RTIP的有源电子扫描阵列雷达，将可提供地面监视。不过Block 40项目继续遭受挫折。卡特在他6月12日的采办决策备忘录中表示，他对Block 40 IOT&E计划大约32个月的延迟表示“关切”。延迟主要是由MP-RTIP开发困难造成的。

尽管两种雷达模式完成了在一架替代飞机上的试验，两个新的模式还必须完成这个里程碑。这些同时起作用的模式将使得雷达同时获取不同数据的能力最大化，空军官员表示，对它们的试验应于2010财年第二季度在“希腊海神”（Proteus）飞机上完成。卡特还指示空军支持该项目的管理计划，要求拿出如何更快让Block 40投入战场的方法。在伊拉克和阿富汗的美军司令官正在受地面监视能力下降的折磨。

2010财年预算的削减将进一步使这些系统投入战场以支持战争的能力延迟。卡特还表达了对飞行器平均单位采购成本（APUC）的关心。据空军官方称，APUC在2007年是9080万美元，现在已经是1.024亿美元。这一数字包括所有的项目成本（如临时生产、试验、硬件和软件、技术数据、承包商服务和保障、培训设备）。军方称，增长的最大原因是“全球鹰”传感器和就绪备件的库房成本。

5.4 “全球鹰”项目开发采办策略的经验教训

“全球鹰”项目在生产阶段是逐步升级的，符合美国国防部的采办指导。虽然GAO曾一度认为“全球鹰”项目采用了冒险激进的采办策略，缺乏可行的战略规划，妨碍了美国无人机的采办，但总体来看，该项目已进行和正在进行的调整都是有道理的，通过项目调整，该机具备了美国空军所需要的额外能力。该项目开发采办策略的经验教训值得我们深入探讨。

5.4.1 “全球鹰”螺旋式开发的挑战与优势

“全球鹰”项目采用螺旋式开发策略后，在技术开发和部署、项目管理、财务管理和综合保障几个主要方面都面临挑战，也具备一定的优势。

5.4.1.1 技术开发和部署

（1）面临配置管理、软件开发及系统工程和需求控制3方面的挑战

• “全球鹰”当前是以一种艰难的方法，逐架飞机、逐个地面站地进行配置管理。随着其他武器系统开始部署，配置管理难度将呈指数级增加。项目

经理将增加配置管理人员和监管力度，采用自动化配置管理工具，保证严格遵守配置控制委员会（CCB）规定，从而应对这些问题。

- “全球鹰”地面站任务规划软件的几个研发问题因螺旋式开发而更加严重。项目经理通过控制需求蔓延，采用计算机辅助软件工具来估算资源，并跟踪适当的软件开发体系来解决。

- 为了节省时间，“全球鹰”系统集团（GHSG）一开始就减少了对新需求的分解。这造成在规划未来螺旋时，不能很好地理解对成本和进度的影响。于是，后来要求对所有提交给需求工作组（RWG）的需求要有完整的“从上至下的需求可追溯性，完全的系统工程分解和成本估算”。这项技术避免了可能在螺旋式开发项目中发生的需求混用现象。

（2）在能力引入方面具备一定的优势

GHSG 能将新能力引入后来的螺旋，这些能力一开始没有预计到，直到部署武器系统时才意识到。从“持久自由行动”和“伊拉克自由行动”来看，这些能力是必需的，并很快被引入了。两个成功“引入”的例子是防空态势综合器（ADSI）和安全即时通信系统（SIMS）需求。由于具有这种灵活性，空战司令部就可以使“全球鹰”的总实时能力应用达到最大化。

5.4.1.2 项目管理

在螺旋式开发的项目管理过程中，“全球鹰”的项目经理必须学会在一锅大杂烩中保持平衡，使主要采办项目处于管理控制之中。在此期间，他们面临并行性和工作量两方面的挑战，但同时具备灵活性的优势。

（1）面临并行性和工作量的挑战

- 在“全球鹰”项目中，空军将在飞机进行完全试飞后，购买 44 架 RQ–4B 中的 20 架，而根据总审计局的报告，这是一次“高风险”的行为。GHSG 的经理现在依靠螺旋前研究来估计技术过渡之前的成熟度。尽管这些研究有用，但“全球鹰”项目仍然存在很大的并行性风险。

- 螺旋式开发带来沉重的工作负担，因而改变了 GHSG 内的日常工作优先顺序。“全球鹰”工作人员需要在紧张的进度要求下管理多个螺旋的需求。为了应对该问题，GHSG 必须建立和完善其培训计划。另外，还必须保证使综合产品组（IPT）拥有符合要求的专家，并有权制定有效决策。

（2）在灵活性方面具备一定的优势

通过改变用户需求和管理方向，GHSG 能在各螺旋之内和螺旋之间轮换需求。GHSG 利用螺旋式开发的内在灵活性，尝试在短时间内给予用户尽可能多的能力。但是，他们需要在需求工作组之前了解关于所有正在处理的新需求的大量信息，包括需求可追溯性和成本估算，以帮助保持对需求的控制。

5.4.1.3 财务管理

面临的挑战是 PPBE（规划、计划、预算与执行系统）缺陷。每个螺旋的动态技术结构给财务管理带来了挑战。一名“全球鹰”财务经理说，“我们不十分清楚每个螺旋将做什么，如果我们做了，它仍可能变化，所以我们不得不仔细分析需要何种类型的资金以及何时需要。”另一名 GHSG 集团的财务经理是这样描述 PPBE 挑战的，“PPBE 系统不适合我们的方案，因为它迫使我们设定日期和资金量，而这违背了螺旋式开发的原则，因为螺旋式开发中你根本不知道日期。”

另外，国防部的 PPBE 系统也相当复杂，它有多种类型的资金，而且每类资金都有独特的使用需求。在对该项目进行有效预算并执行的几年之前，国防部的财务经理就必须对资金做出规划并确定适合的资金类型。对“全球鹰”项目而言，这个挑战还没那么大，因为项目重视螺旋前的研究和需求工作组严格的需求控制，这样做很有效。在需求得到批准之后，PPBE 系统仍需要对新的能力作年度外计划，而螺旋前的研究可能没那么快，但它们在财务管理方面还是起到了积极作用。

5.4.1.4 综合保障

综合保障面临需要为 ACTD 设备补充备件、备件需求、技术规范和培训、忽视初始可靠性 / 维修性以及改进支出 5 个方面的挑战。

（1）需要为 ACTD 设备补充备件

ACTD 设备相当于“业余爱好者商店”类系统，一般不能提供充分的备件满足作战部署，因为提前进行的后勤保障分析（LSA）只不过是预测性的。像大多数项目一样，“全球鹰”项目高估了可靠性，低估了利用率。因此，“全球鹰”在生产型设备开始服役之前，都要为 ACTD 设备提供特别的备件。

（2）备件需求

“全球鹰”项目计划在每一螺旋中加入几种不同的能力，这样做的一个结果是使螺旋和螺旋之间的备件需求不一致。每个螺旋可能有不同的部件，而这些部件又有多类不同的零备件。更多的后勤维护增加了资金量，这反过来会影响寿命周期成本（LCC）。后勤人员必须进行备件权衡研究，鼓励各螺旋之间备件共用。这对“全球鹰”项目来说是一大挑战，因为该项目大约只有10% 的备件是在型号 A、B 间通用的。模块化系统方法是解决之道。例如，实现“全球鹰”模块化，维修人员在飞机上安装传感器就既能选用 1.0 版也能选用 2.0 版。同时，通过半年一届的需求工作组会议，弄清楚新需求对“全球鹰”全部资金的影响，以控制寿命周期成本。

（3）技术规范和培训

对每一个螺旋都需要技术规范和培训，而用户很难跟上螺旋间的这种变化。为了应对这个问题，GHSG 执行了一系列措施。首先，采用电子技术规范，有助于使工作负担过重的 GHSG 最终用户感到好受些。第二，GHSG 为内部团队和用户代表办公室增设了专门的培训代表。第三，采用了“对培训员进行培训”的方法。

（4）忽视了初始可靠性 / 维修性

许多故障隔离工具都没有植入原始的“全球鹰”，这是可以预测的，因为“全球鹰”是一种新出现的概念技术。于是，“全球鹰”试图加入机内自检（BIT）和其他项目，以减轻螺旋 5 的维修性负担。尽管这对总的项目有好处，但故障隔离能力应加入早期项目螺旋。

（5）改进支出

改进支出有几个理由。第一，具有多种配置的项目极其难以管理。第二，所需的备件数量大大高于单一配置的系统，这使成本上升。第三，由于新螺旋的出现满足了新的任务关键需求，用户不应被迫在更低级的条件下用更早的螺旋模型工作。“全球鹰”最初没有计划要改进并把它们带进最新的螺旋。但 IPT 觉得在所有设备上增加新能力值得付出这个代价。尽管要多花 5 亿～ 6

亿美元，他们仍改变了进程，努力使早期螺旋升级到最新执行版本。

5.4.2 螺旋式开发的主要成效和渐进式采办存在的问题

美国国防部实施螺旋式开发，目的在于缩短循环周期和加快向作战部队交付先进武器的能力，其途径是将研制和现场演示的技术变成可控制管理的模块组件，以便以后引入新技术。与传统产品的预先规划改进相比，二者既有相似之处，也有不同点。相似之处是“需求牵引”的方针不变，贴近军方需求，对产品实施不断改进的原则不变；不同点在于螺旋式开发更加强调“技术推动”的作用，先提供部队一种初始能力，然后不断提高扩充，而产品预先规划改进则是对成熟的系统提供附加的改进能力。美国国防采办推行渐进式采办和螺旋式开发以来，取得了明显的成效，但也出现了一些问题。

5.4.2.1 螺旋式开发的显著成效

螺旋式开发是适应大型武器系统研制和部队需求快速变化的产物，既提出螺旋、增量、阶段能力等一些新的概念，具有一定的创新性，又继承模块化、风险控制、引入商业技术等成功经验。以“全球鹰”项目为例，归纳起来，螺旋式开发的显著成效如下。

(1) 降低风险

技术发展采用螺旋式开发模式的主要做法是：

- 明确发展阶段及目标用一系列螺旋定位点里程碑来控制；
- 将项目分解，通过不同的增量，以及在每一个增量内 n 个螺旋所插入的成熟技术来确保项目的成功；
- 规定新技术只有在成熟度达到 7 时，才能在系统研制与演示验证阶段投入使用。这是降低项目风险的一个主要途径。

(2) 快速形成作战能力

“全球鹰”项目由于采用螺旋式开发，各种能力得以逐步实现，在最初的发展阶段该无人机已具有一定的作战能力，因此可以很快投入战斗。“全球鹰”参加了美国 2001 年在阿富汗的“持久自由行动”和 2003 年的“伊拉克自由行动”，取得非常好的战绩。在伊拉克战争中，根据“全球鹰”提供的图像，联军摧毁了伊军13个地空导弹连、50个地空导弹发射器、70辆地空导弹运输车、300个地空导弹箱和300辆坦克，被摧毁的坦克占伊拉克坦克已知总数的38%。

（3）节约开发成本

采用螺旋式开发，有效控制“全球鹰”开发成本。美国空军结合螺旋式开发各阶段所具有的能力和水平，计划在采购的51架“全球鹰”无人机上配置不同的系统，其中12架仅配置MP-RTIP计划中的雷达，另外39架将配置多种情报有效载荷，使之拥有摄像机、信号情报和较老型号雷达系统具有的功能。按照现在的方案，在分摊升级及研发成本后，预计平均单架成本可降低约22%，为5600万美元。

5.4.2.2　渐进式采办存在的问题

在美军打算全面推行渐进式采办策略期间，有不少研究和管理人员提醒该策略会带来一系列的挑战，而实践中也确实出现了一些值得深入研究和反思的问题。

（1）渐进式采办策略实施细则不明确，实施情况比较混乱

美军全面推行渐进式采办策略初期，采用该策略的项目依靠有关专家的建议和项目主管人员对有关概念和规定的理解来确定具体实施方式，导致全军的实施情况比较混乱。出现该问题的原因在于国防部过分强调推行渐进式采办策略的灵活性，仅在国防部5000系列采办指南和《国家安全航天采办政策03-01》等文件中概要地阐述了有关政策，没有颁布配套的实施细则。美国国防部2002年发布了一份备忘录对渐进式采办相关问题进行解释和澄清，空军2005年发布了一份指导文件详细解释了有关概念和程序，但没有完全解决问题，目前美国国防采办部门对反馈回路、螺旋式开发、递增式发展等关键概念都还存在争论。

（2）渐进式采办策略的配套法规不健全，在有关监管部门的阻力下实施会遇到困难

美国现行的国防采办法规要求采办项目在初期就确定最终技术需求、开展详细的成本估算，这些要求限制了渐进式采办的灵活性。2006年，兰德公

司在评估渐进式采办在航天项目的实施情况时发现，由于国会和政府高层人员坚持要求项目提供详细的性能需求和成本估算，很多螺旋式开发项目遭到经费削减，被迫转向递增式发展项目或演示验证项目甚至中止。

出现该问题的原因有两方面：一方面在于渐进式采办策略在费用控制方面存在弱点，初始耗费较高，初始批次产品的性能与初始批次所耗费的资金不相当，这一点虽然得到了国防部有关采办人员的支持和理解，但国会等监督审查部门仍按照传统标准进行审查；另一方面，渐进式采办的配套法规还不健全，目前仅作为一种采办策略使用，还未上升为一种制度得到法律层面的明确保障和支持，反而在实施过程中面临法律法规上的阻力。

（3）渐进式采办策略执行不力，不能充分发挥其优势

渐进式采办策略的一些基本要求在部分项目没有得到严格遵守，使得该策略的实施效果大打折扣。如天基雷达项目一开始就计划采用太多高风险、低成熟度的技术，结果陷入了研制困境。美国政府责任办公室 2006 年对 23 个重大国防采办项目审计时发现，这些项目研发费用平均超概算 28%，形成初始作战能力将平均拖延一年以上。可见渐进式采办策略没有根本解决美国采办项目的“拖进度、涨费用”问题。政府责任办公室认为一个重要原因是渐进式采办策略没有得到严格落实，导致渐进式采办策略理论上的优势没有充分发挥出来。这主要是因为部分项目管理人员没有充分掌握和理解渐进式采办策略，对其要求和风险认识不足，准备不充分，最后难以取得预想的效果。

（4）渐进式采办策略耗费管理资源多，中小型项目大多持观望态度

实践表明，渐进式采办项目较之传统采办方式的项目管理难度大大增加，一些中途改用渐进式采办策略的项目不得不扩大项目办公室的规模，耗费的管理资源显著增多，项目管理成本较高。一些中小型项目对其态度谨慎，影响了该策略的推广范围。这主要是因为渐进式采办策略大量增加了前期计划、技术评估、管理用户反馈回路等工作，还要求作战、试验、研制、后勤保障、工业界等多个职能部门进行密切合作，管理工作量和难度都较大，但目前还没有成熟的管理模式来解决这些问题。

(5) 渐进式采办项目的后勤保障难度大，不利于降低系统全寿命费用

美军目前交付使用的渐进式采办项目还比较少，但项目管理人员大都认为渐进式采办策略会给项目增添许多变数，系统交付后需要大幅度修订其后勤保障计划，后勤保障难度大，难以降低系统全寿命费用。这主要是因为渐进式采办策略灵活性较强，多个批次的系统同时部署使用，后勤保障非常复杂，有关后勤保障设施建设需要更仔细地协调安排。

第六章　部署与作战使用

“全球鹰”是当今世界最先进的侦察无人机，与现有美国作战系统不一样，它在完成试验和评估项目之前就已投入军事作战行动，一边进行研发一边又同时开展LRIP。军事行动验证了“全球鹰”出色的作战能力，美军决定大量采购并广泛部署。世界各国也纷纷表示关注，德国、澳大利亚早在项目初期就参与合作研制，其他国家也相继表达购买意愿。本章将介绍“全球鹰”的装备与部署、作战评估及作战使用。

6.1　装备与部署

美国空军装备了4个批次的生产型“全球鹰”，部署在本土4个军事基地；美国海军装备了2种改型的适合海军使用的“全球鹰”，部署在本土1个海军航空站。与此同时，空军积极进行海外部署，派遣“全球鹰”参与阿富汗和伊拉克战争，执行侦察监视任务；还计划将其部署到亚太地区，执行战略情报收集任务。其他国家与国际组织对“全球鹰”的兴趣日渐增加，积极参与合作或表达采购意愿，“全球鹰”的国际市场将越来越广阔。

6.1.1　本土装备

美国空军和海军是“全球鹰”的主要客户。2002年，美国空军计划未来至少采购51架生产型“全球鹰”，其中7架Block 10，6架Block 20，26架Block 30，12架Block 40。2010年，空军增加了RQ-4B的采购量，使生产型“全球鹰”的采购量增至77架（其中70架RQ-4B），加上7架原型机，空军采购总量增至 84 架。海军计划共采购 50 ~ 70 架生产型“全球鹰”,包括 2 架“全球鹰”海上演示验证（GHMD）无人机，48 ~ 68 架 BAMS 无人机。

6.1.1.1 空军装备

（1）原型机

空军共订购了 7 架原型机，包括 5 架 ACTD 型，2 架 EMD 型，主要在爱德华兹空军基地接受试验与评估。2000 ~ 2001 年期间，原型机进行了 3 次重要的演示验证（见表 6–1）。

表 6–1 2000 ~ 2001 年期间“全球鹰”原型机的演示验证情况

时间	地点	演示验证的目的	备注
2000 年	艾格林空军基地（佛罗里达州）	验证光电／红外和合成孔径雷达的基本能力	
2001 年	阿德莱德空军基地（澳大利亚）	验证新增的海事侦察模式和初步的电子情报能力	首次部署在美国本土以外
2001 年	兰利空军基地	验证“全球鹰”如何在拥挤的国家空域系统（NAS）中安全地执行任务	

“9·11”事件的发生加快了“全球鹰”的服役进程,事件发生后不到 2 个月，“全球鹰”就接到部署命令，要求出动 2 架无人机和 1 个地面站支持在阿富汗的“持久自由行动”。2002 年 2 月,“全球鹰”第二次接到部署命令,要求支援“南方守望行动”（美国发起的监控伊拉克南部领空禁飞区的军事行动），并最终参与“伊拉克自由行动”。“全球鹰”在未完成试验和评估之前就投入实战，开启了“边试验边实战”的先河。7 架原型机在试验和实战中有所损毁，其部署及去向见表 6–2。图 6–1 为移交给 NASA 德莱顿飞行研究中心的“全球鹰”AV–1 原型机。图 6–2 为停放在加利福尼亚州爱德华兹空军基地的“全球鹰”AV–7 原型机。

“全球鹰”的 ACTD 阶段于 2000 年 6 月 30 日结束，2001 年 3 月转入 EMD 阶段，2002 年 2 月进入 LRIP 阶段。按计划准备分 4 个批次——Block 10/20/30/40 提升和配备“全球鹰”。其中，Block 10 代号 RQ–4A，Block 20/30/40 代号 RQ–4B。从 Block 10 生产型开始，“全球鹰”正式交付部队。

表 6–2 “全球鹰”原型机的部署与去向

原型机代号	部署
AV–1	1998 年 2 月 28 日，在爱德华兹空军基地首飞； 1999 年 10 月 19 ~ 20 日，完成首次水上飞行试验； 2000 年，飞越加拿大领空，参加联合评估项目； 2007 年 12 月移交 NASA 德莱顿飞行研究中心用做科学实验
AV–2	1998 年 11 月 20 日首飞； 1999 年 3 月 29 日，在内利斯空军基地飞行试验中，因地面发出错误的“飞行终止”信号，在加利福尼亚州中国湖坠毁
AV–3	1999 年 4 月 29 日移交爱德华兹空军基地； 2001 年 11 月部署到阿富汗战场； 2003 年 3 月部署到伊拉克战场； 2006 年，其作战任务由 2 架生产型 RQ–4A“全球鹰”（AF–4 和 AF–5）取代，于 2006 年 2 月 20 日返回美国
AV–4	2000 年 5 月 8 ~ 9 日，从艾格林空军基地起飞，跨越大西洋抵达葡萄牙，参加北约军事演习； 2002 年 3 月部署到阿富汗战场，7 月 10 日在一次转场着陆时因燃油阀引起的发动机故障而坠毁
AV–5	2001 年 4 月，从爱德华兹空军基地起飞，完成无间断跨太平洋飞行，抵达南澳大利亚爱丁堡空军基地，参加为期 6 周的军事演习； 2001 年 11 月部署到阿富汗战场，12 月 30 日在返回阿联酋空军基地时坠毁，原因是 V 形尾翼方向升降舵中的螺栓和螺母反向安装错误所致
AV–6	2002 年 3 月 23 日首飞； 2007 年 12 月，移交 NASA 德莱顿飞行研究中心用做科学实验
AV–7	2003 年 2 月 14 日在爱德华兹空军基地首飞； 2009 年 12 月签署协议，该机移交 NASA 德莱顿飞行研究中心

图 6–1 飞行中的“全球鹰”AV–1 原型机

图 6–2 “全球鹰”AV–7 原型机

(2) 生产型

a. Block 10

2002 年 2 月，诺斯罗普 · 格鲁门公司获得 LRIP 第一批（Lot1）2 架 Block 10“全球鹰”（编号：P1/02–2008 与 P2/02–2009）生产合同，价值 2050 万美元。这 2 架“全球鹰”除携带光电 / 红外任务载荷外，还装有 I/J 波段的合成孔径雷达，分别于 2003 年 9 月和 12 月交付空军。

2004 年 10 月 28 日，LRIP 第二批（Lot2）首架 Block 10“全球鹰”（编号：AF–3/02–2010）从加利福尼亚州爱德华兹空军基地伯克飞行试验中心经短程转场飞行后抵达比利空军基地，交付给空军第九侦察联队。这是美国空军基地接收的第一架“全球鹰”,意味着“全球鹰”已从研发项目转为实战系统。图 6–3 为 2004 年 10 月 28 日，编号为 02–2010 的第一架 RQ–4A 型“全球鹰”无人机落地后，由牵引车牵往机库。

2005 年 6 月，诺斯罗普 · 格鲁门公司又获美国空军合同，于初秋交付 2

图 6–3 编号为 02–2010 的 RQ–4A 型“全球鹰”

架生产型 RQ-4A，计划用其取代在“伊拉克自由行动”中部署的 ACTD 原型机。8 月，空军作战试验与评估中心在加利福尼亚州爱德华兹空军基地进行了飞行试验。演示验证了一系列研制试验和作战试验的需求，完成了“全球鹰”系统性能的综合系统评估飞行。经过评估的能力包括飞行操作、光电系统、红外和合成孔径雷达的功能以及传感器图像的数量、时效性和可用性。这使得“全球鹰”向投入实战又迈进了一步。

2006 年 1 月，2 架 Block 10“全球鹰”（编号：AF-4/02-2011 与 AF-5/02-2012）部署到赖特帕特森空军基地，隶属部署在亚洲西南部阿布扎比海外前沿基地的第 12 远征侦察中队，由驻赖特帕特森空军基地的航空系统中心“全球鹰”系统大队操控，用来替换伊拉克战场上的 AV-3 原型机。AF-5 部署到位 36h 后，即进行了第一次近 24h 的作战飞行。到 2006 年 7 月，2 架无人机完成了 50 次飞行任务，1000 多个战斗小时。图 6-4 为比利空军基地航展上静态展示的一架“全球鹰”。

图 6-4　静态展示的 AF-4“全球鹰”

2006 年 4 月 5 日，诺斯罗普·格鲁门公司向美国空军交付了第六架 Block 10“全球鹰”（AF-6）。7 月 26 日，最后一架 Block 10“全球鹰”（编号：AF-7/04-2014）抵达爱德华兹空军基地（见图 6-5），由第 452 飞行测试中队对飞机进行一系列验收和操作检查飞行之后交付给比利空军基地第 12 侦察中队。

b. Block 20

2007 年 3 月 1 日，LRIP 第三批（Lot3）首架 Block 20“全球鹰”（编号：AF-8/04-2015）移交爱德华兹空军基地，这是诺斯罗普·格鲁门公司生产的

图 6-5 最后一架交付的 Block 10 RQ-4A

第 17 架“全球鹰”。Block 20 计划在 2007 ~ 2008 年统一定在该基地进行测试。图 6-6 为 AF-8 “全球鹰” 在 2010 年新加坡航展上静态展示。图 6-7 为比利空军基地航展上静态展示的编号为 AF-13/04-2020 的 Block 20 “全球鹰”。图 6-8 为 RQ-4A 与 RQ-4B 的大小对比。

图 6-6 “全球鹰” 参加 2010 年新加坡航展

图 6-7 AF-13/04-2020 “全球鹰”

图 6-8　RQ-4A（右）与 RQ-4B（左）大小比较

与此同时，美国空军空战司令部计划将“全球鹰”的作战使用集中在加利福尼亚州的比利空军基地。该基地正在建设一个新的“全球鹰”作战中心，打算将驻扎该基地的美国空军第九侦察联队的人员分别布置在该中心独立的房间内，执行各自的任务。也就是，一个房间中配备一名驾驶员和一名传感器操作员管理在某个任务区上空飞行的“全球鹰”，而隔壁房间则管理在另外一个任务区飞行的“全球鹰”，这些机组成员都只向他们各自任务区的司令部汇报。这样做可以在比利空军基地最充分地聚集“全球鹰”的有关精英，包括驾驶员、传感器操作员、任务规划人员和维护人员，并且可以通过缩小前线部署规模而节省资金。

由于比利空军基地容纳能力有限，美国空军还计划将北达科他州的大福克斯空军基地作为美国本土的第二个“全球鹰”无人机基地。大福克斯基地非常适合“全球鹰”操作人员培训，因为它拥有广阔的空域、低的人口密度和民航交通密度，多种多样的天气条件，包括类似阿富汗“持久自由行动”和“伊拉克自由行动”中所遇到的天气条件。

c．Block 30

2007 年 11 月，LRIP 第四批（Lot4）首架 Block 30 首飞。2009 年 11 月 24 日，比利空军基地接收到第一架 Block 30“全球鹰”，之前该机在爱德华兹空军基地由第 452 飞行试验中队进行了数个月的飞行试验。落户比利空军基地后，第九侦察联队还将对其进行飞行操作员训练和传感器操作员训练。图 6-9 为驻扎在比利空军基地的第九地勤中队正在牵引“全球鹰”。

图 6-9　第一架 Block 30 RQ-4B "全球鹰"

d. Block 40

2009 年 11 月 6 日，LRIP 第五批（Lot5）首架 Block 40 "全球鹰"（编号：AF-18）成功首飞。该机从诺斯罗普·格鲁门公司旗下的加利福尼亚州帕姆戴尔飞机制造厂起飞，2h 后成功抵达爱德华兹空军基地。AF-18 总重为 14628kg，2010 年 8 月完成了包线扩展飞行，显示了 MP-RTIP 雷达成功用于跟踪地面目标并生成高质量合成孔径雷达图像的能力。该机是 22 架 Block 40 "全球鹰"的首架，也是 RQ-4B "全球鹰"系列中第 11 架飞往爱德华兹空军基地的"全球鹰"，按计划将于 2011 年夏季部署到北达科他州的大福克斯空军基地。此次首飞标志着 Block 40 "全球鹰"将很快开始进入生产阶段。首批 Block 40 "全球鹰"预计于 2011 年服役。图 6-10 为一架静态展示的 Block 40 "全球鹰"。

图 6-10　Block 40 "全球鹰"

截至 2010 年，美国空军共订购了 36 架不同批次（Block）的“全球鹰”，计划分 7 批（Lot）生产和交付，详见表 6–3。

表 6–3 “全球鹰”生产交付情况

财年	类型	数量	代号	批次	合同经费
1995	ACTD	2	YRQ–4A	Block 0	1.64 亿美元
1998	ACTD	3	YRQ–4A	Block 0	
2000	EMD	2	YRQ–4A	Block 0	4500 万美元
2002	LRIP Lot 1	2	RQ–4A	Block 10	1.218 亿美元
2003	LRIP Lot 2	4	RQ–4A	Block 10	3.029 亿美元
2004	LRIP Lot 3	1	RQ–4A	Block 10	2.077 亿美元
2004	LRIP Lot 3	3	RQ–4B	Block 20	
2005	LRIP Lot 4	3	RQ–4B	Block 20	2.727 亿美元
2005	LRIP Lot 4	1	RQ–4B	Block 30	
2007	LRIP Lot 5	4	RQ–4B	Block 30	2.87 亿美元
2007	LRIP Lot 5	1	RQ–4B	Block 40	
2008	LRIP Lot 6	5	RQ–4B	Block 30	订购合同 6062 万美元； 生产合同 3.71 亿美元
2009	LRIP Lot 7	5	RQ–4B	Block 30 2 架 Block 40 3 架	3.029 亿美元
总计		36			

6.1.1.2 海军装备

正当“全球鹰”无人机在空军内部大踏步发展的同时，美国海军也启动了海军型“全球鹰”发展计划——“全球鹰”海上演示验证（GHMD）。GHMD 计划的目的是开发海上无人机战术以及作战程序，计划中的“全球鹰”无人机系统将为美国海军提供试验平台，用于评估新计划、支援舰队试验和演习；为部署的海军和海军陆战队提供作战支援。继 GHMD 计划之后，2008 年海军 BAMS 计划又选择了“全球鹰”，采购数量为 48 ~ 68 架，从而使海军“全球鹰”总量与空军相当。

（1）GHMD 计划

GHMD 计划采购 2 架“全球鹰”，使用 RQ–4A“全球鹰”系统的改型，在其基础上采用适合海上搜索的雷达工作方式、专用的机上和地面站软件以及独特的无源射频传感器。

2004 年 10 月 6 日，第一架用于 GHMD 计划的 RQ-4A “全球鹰”（编号：N-1/166509）从加利福尼亚州帕姆戴尔飞抵爱德华兹空军基地，完成首次飞行。整个飞行持续约 4h，期间对机身、制导系统以及动力系统进行了试验。此次飞行预示着海军无人机计划和海军航空力量发展取得重大进展。美国海军首次拥有了几乎可为全球的海军舰队作战提供支援的无人机系统。

2005 年 12 月，美国海军采购的 2 架 GHMD“全球鹰”无人机(见图 6-11)和相应的地面站交付驻扎在马里兰州帕塔克森特河海军航空站的第 20 测试与评估中队（VX-20）试用。当年 11 月 28 日 ~ 12 月 9 日，GHMD “全球鹰” 首次参加了美国海军代号 “三叉戟勇士 2005” 的军事演习。演习中，GHMD “全球鹰” 在美国海军航空系统司令部位于美国西海岸的海上靶场上空飞行，向在美国东海岸参演的指挥官、美国海军大西洋舰队以及 “硫磺岛” 号两栖攻击舰和 “惠特尼山” 号两栖指挥舰实时传送侦察信息。

图 6-11 GHMD “全球鹰”

GHMD “全球鹰” 无人机在这次演习中共飞行了 4 次，总飞行时间 31.8h。在这些任务飞行中，该机利用雷达和光电 / 红外传感器探测海上目标，并通过高分辨率的逆合成孔径雷达（ISAR）模式和光电 / 红外图像对其进行分类。所有的任务飞行都从加利福尼亚州爱德华兹空军基地出发，侦察图像先通过高速卫星数据链实时传送给加利福尼亚州诺斯罗普 · 格鲁门公司系统综合实验室的 GHMD 地面站，然后由地面站转发到位于马里兰州帕塔克森特河美国海军航空站的 “全球鹰” 战术辅助系统（TAGS）、海军情报部和参演的舰船。美国海军高级官员高度赞扬了 “全球鹰” 系统在演习中的表现，并认为在 “三叉戟勇士 2005” 这样的演习中综合该系统对于美国海军实现其《21

世纪海上力量》(2003 年发布的海军变革计划)中的目标来说非常重要。

2006 年 3 月，第一架 GHMD RQ-4A“全球鹰”(N-1/166509)飞抵马里兰州的帕塔克森特河海军航空站，正式交付海军。该机由美国海军第 20 测试与评估中队(VX-20)使用，而美国海军与诺斯罗普·格鲁门公司共同组建的 IPT 将提供支持和保障。同年 4 月，该机参加 2006 年度的联合远征军试验演习(JEFX 06)，向美国北方司令部和其他联邦机构演示了一种装备有先进传感器的高空长航时无人机在持续收集和分发海上情报、监视与侦察数据和增强海上态势感知能力方面的作用。图 6-12 为美国海军首架 GHMD“全球鹰”。

图 6-12 编号为 N-1/166509 的美国海军首架 GHMD“全球鹰”

2006 年 7 月，GHMD 计划的第二架 RQ-4A“全球鹰”(编号：N-2/166510)参加了在夏威夷举行的多国环太平洋(RIMPAC)军事演习。该机装备了带有新型海事软件模式的传感器，每个航路飞行超过 2172n mile，累计 100 飞行小时，每次任务提供了 8h 以上的站内时间。捕获的图像包括沉船演习、海上封锁行动以及定位海上目标的广域搜索和监视行动。返回基地时，操作员能顺利地将传感器从海上模式转换为陆地模式。12 月 6 日，该机经过 11h 的飞行抵达帕塔克森特河海军航空站，正式交付海军。

2009 年 10 月 1 日，海军“全球鹰”完成交付后的第一次部署。此次部署为期 8 个月，由第二侦察巡逻联队、第五侦察巡逻联队、美国海军系统司令部和诺斯罗普·格鲁门公司组成的小组执行。诺斯罗普·格鲁门公司人员组成的前沿部署特遣分队，在第二、第五侦察巡逻联队的监督下，和来自空军

"全球鹰"维护队的人员一起为海军的"全球鹰"提供维护。部署期间,"全球鹰"由帕塔克森特河地面站操作,飞行超过60次,飞行时间超过1000多小时,为第57特遣部队提供了数千张照片,极大地支援了海上情报和监视活动。

(2)BAMS 计划

2008年4月22日,"全球鹰"在投标竞争中战胜了波音公司经过改装的"湾流"G550无人机方案和洛克希德·马丁－通用原子公司团队提供的基于"捕食者"的"水手"无人机方案,获得了美国海军一份价值至少20亿美元的合同,诺斯罗普·格鲁门公司将为其制造BAMS无人机。

图 6-13 RQ-4N"全球鹰"

该机以空军采用的Block 20"全球鹰"为基础改良成海军用的RQ-4N(见图6-13)。美国海军计划购买48～68架RQ-4N,它们将驻扎在全球5个基地,包括美国本土佛罗里达州的杰克逊威尔、意大利的锡戈奈拉、夏威夷的瓦胡岛、太平洋的关岛和印度洋的迪戈加西亚,如图6-14所示。每个基地装备5～6架无人机以确保在15000m以下空域的海上情况观察。BAMS无人机的原型机试验预计在2011年底开始,低速率生产在2012年开始,交付工作从2013年开始。海军对低速率生产的无人机为期6个月的独立作战评估预计从2013年9月开始,全速率生产的决定将在2014年中做出。

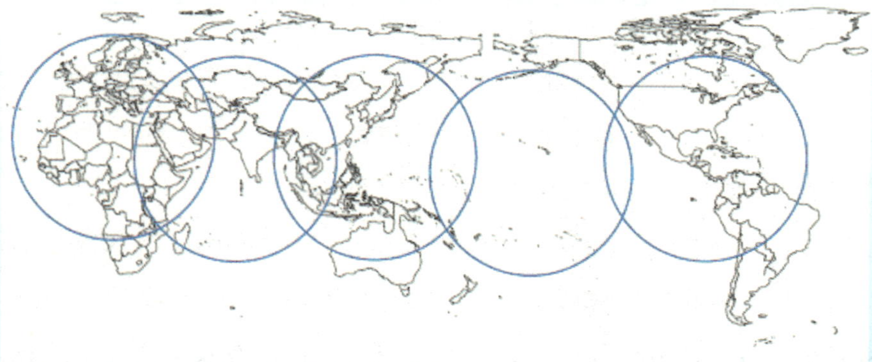

图 6-14 计划的BAMS基地及作战半径

6.1.1.3 其他

除空军、海军外，美国海岸警卫队也计划采购“全球鹰”以满足深海侦察和监视的需要。但其采购计划最早也只能在2014年开始，预计采购4～8架。

截至2010年8月30日，诺斯罗普·格鲁门公司已向美国军方交付21架“全球鹰”，包括7架原型机；9架Block 10飞机（其中2架交付海军，7架交付空军）；4架Block 20飞机和1架Block 30飞机（均已移交比利空军基地）。空军有4个本土基地负责“全球鹰”项目的管理与运作，其中1个正在规划部署中；2个海外基地负责前沿作战（见表6–4）。海军“全球鹰”部署在马里兰州帕塔克森特河海军航空站。美国空军、海军的“全球鹰”采购计划、交付及部署情况见表6–5。

表6–4 美国空军负责“全球鹰”管理与运作的基地

基地	单位	任务
赖特帕特森空军基地（俄亥俄州）	303航空系统集团航空系统中心	项目管理
爱德华兹空军基地（加利福尼亚州）	空军飞行试验中心	飞行试验
比利空军基地（加利福尼亚州）	第九侦察联队	作战、训练
大福克斯空军基地（北达科他州）	规划中	规划中
阿布扎比基地（阿联酋）	第352远征侦察中队	前沿作战基地
安德森空军基地（关岛）		前沿作战基地

表6–5 美国空、海军的“全球鹰”采购、交付、部署一览表

	代号	批次	编号	已交付/计划交付	部署基地
空军	YRQ–4A	0	AV–1～AV–7	7架/7架	爱德华兹空军基地：第53联队的31测试与评估中队，负责“全球鹰”的测试与评估
	RQ–4A	10	AF–1～AF–7	7架/7架	爱德华兹空军基地：所有飞机在正式交付前在此接受测试、评估；比利空军基地：第九侦察联队的第12侦察机中队负责“全球鹰”的实际作战；第九侦察联队的第一侦察机中队负责“全球鹰”的训练；该基地的国民警卫队第940联队的第13侦察机中队也在使用“全球鹰”
	RQ–4B	20	AF–8～AF–13	4架/6架	
		30	待定	1架/42架	
		40	AF–18及后续编号	首架首飞/22架	

续表 6–5

	代号	批次	编号	已交付 / 计划交付	部署基地
海军	RQ–4A	10	N–1 N–2	2 架 /2 架	帕塔克森特河海军航空站（马里兰州）
	RQ–4N	20	待定	0/48 ~ 68 架	待定

2011 年 2 月，空军决定削减“全球鹰”Block 40 项目采购数量，由原有的 22 架削减至 11 架。空军负责预算的助理副部长阿尔弗雷德 · 弗劳尔斯少将称“我们将节省的经费用于 Block 30 型的性能提升，主要是在光电 / 红外载荷方面。”2010 年 3 月的一次试飞表明，Block 30 型装载的传感器成像质量存在“显著”的缺陷。美国空军决定由 11 架 Block 40 组成两个战斗空中巡逻部队，如 E–8C 机队一样。美国空军高级官员表示，“这将足以满足我们的需求。”

6.1.2 海外部署

美军对“全球鹰”的情报收集能力颇有信心，在未完成试验与评估之前就将 ACTD 型派遣到阿富汗和伊拉克战场执行侦察监视任务。而近年来随着美军战略重心向亚太地区转移，为提高亚太地区前沿存在的威慑能力，美军又计划部署“全球鹰”，增强对该地区的情报收集能力。

6.1.2.1 阿富汗和伊拉克

由于 1999 年 3 月 29 日携带专用侦察传感器系统的 AV–2 原型机在美国加利福尼亚州中国湖试验坠毁，因此“全球鹰”没有在科索沃战争中派上用场。但接下来，美国空军成功部署了两次：第一次是 2001 年 11 月 ~ 2002 年 9 月的阿富汗战争期间，共派出 3 架 ACTD 型“全球鹰”执行任务，分别是 AV–3、AV–4 和 AV–5。第二次是 2003 年 3 ~ 5 月的伊拉克战争期间，美军派出 AV–3 和 AV–6，实际只使用了 AV–3，其合成孔径雷达和光电 / 红外传感器都做了升级。战后，AV–3 继续在该地区执行侦察监视任务，直到 2006 年才由生产型 AF–4 和 AF–5 代替，后 2 架装备有更先进的传感器。图 6–15 为一架部署在中东参与伊拉克战争支援作战的“全球鹰”。

图 6—15 一架参与伊拉克战争的“全球鹰”

“全球鹰”在两次实战中表现出卓越的侦察监视、数据传输与通信、动态任务分配能力，对作战胜利起到了至关重要的作用，也为美军武器装备“边试验边实战”树立了典范。“全球鹰”在两次实战中的表现及任务完成情况详见 6.3.4 节。

6.1.2.2 亚太地区

2005 年 9 月，据驻扎在夏威夷希卡姆空军基地的美国太平洋战区空军司令保罗·赫斯特称，美国空军计划将“全球鹰”部署到整个太平洋地区，首先部署在关岛地区，并寻求将其部署在澳大利亚、新加坡、日本和韩国等其他盟国。部署在关岛的无人机将由希卡姆空军基地控制。关岛地处西太平洋中心，扼守着重要的战略咽喉要道，是西太平洋的海空交通枢纽，战略位置极其重要。关岛东距夏威夷 5300km，西距中国台湾 2500km，北距日本 2500km，南距澳大利亚 2000km。轰炸机从关岛起飞可在 12h 内抵达亚太地区各国的领空，对其实施有效打击。如到朝鲜半岛只需 5h，到中国台湾只需 3h，比从本土起飞分别快 15h 和 17h。有利于美军对其所谓的该地区“热点问题”(如朝核危机、中国台湾问题和南海问题等）做出快速反应。同样，将“全球鹰”部署在这里，美军能够获得对整个亚太地区的监视侦察能力，故而美国空军打算将此建成情报、监视与侦察基地。

美军原计划2007年在关岛进行“全球鹰”的演示验证；2009年开始在关岛的安德森空军基地部署6架“全球鹰”；2013年前后增至7～10架。但截至2010年9月，美军在关岛仅部署了1架“全球鹰”，进度延迟。为迎接“全球鹰”的入驻，美军在关岛设计建造了一个新型无人机作战与保养机库，用于停放无人机以及为操控人员提供办公室和工作场所等，计划耗资4700万美元。为满足无人机的宽带图像传输要求，美国国防信息系统局已经计划提高关岛的带宽容量，由目前的155Mb/s提高到622Mb/s，并希望建立通往关岛的光纤线路，满足未来带宽的要求。

2006年2月，美国空军与澳大利亚、日本、新加坡和泰国等亚太地区国家进行交涉，试图在该地区建立一个联合使用“全球鹰”无人机系统并分享其所获信息的集团。这一努力得到积极响应，这些国家纷纷与美军就怎样才能分享到“全球鹰”获得的图像和情报数据，是否可以购买该无人机，是否可采购该无人机并由其他国家代为管理，是否可参与该无人机传感器的研制等问题进行了探讨。美军认为，如果能在新加坡或澳大利亚部署“全球鹰”地面控制站，就能更好地覆盖印度洋地区。

6.1.3 国际合作与销售

“全球鹰”计划从一开始就受到各国军方的关注，德国、澳大利亚很早就参与了合作研制。随着技术的日益成熟，“全球鹰”的性能在螺旋式开发中不断升级，更多国家表示出合作研制和采购的意愿。

6.1.3.1 德国

2001年10月，美国空军与德国国防部签订了研制德国版“全球鹰”——“欧洲鹰”飞行器项目协议。该项目包括3项：一是为在德国部署一种高空长航时无人机“欧洲鹰”进行作战概念开发；二是在“全球鹰”上安装德国开发的电子情报任务载荷；三是开发在德国空域运行的“欧洲鹰”平台，同时将建立一个对这个侦察系统进行评估的地面站，以满足德国的使用要求。诺斯罗普·格鲁门公司与EADS公司是美国、德国双方参与该项目的主要厂商。图6-16为一架静态展示的“欧洲鹰”。

图 6–16 “欧洲鹰”

“欧洲鹰”系统采用“全球鹰”作为平台，是能满足德国空军高空长航时信号情报系统需求的最好平台。两者的主要区别是，“欧洲鹰”将搭载由 EADS 研制的一套新型信号情报任务系统。该系统可提供防区外雷达和通信辐射探测能力，是“欧洲鹰”执行情报、监视及侦察任务的核心。此外，EADS 公司还将提供用于接收和分析“欧洲鹰”无人机平台所获情报的地面控制站。

2001 年 11 月 17 日和 22 日，美国空军飞行试验中心成功进行了两次飞行试验，在 AV–3 上验证了 EADS 的新型信号情报系统传感器在“全球鹰”上的成功运行。这种传感器第一次探测到了位于加利福尼亚州中国湖美国海军空战中心的雷达，然后通过视距下行通信数据链将信号传送到德国地面站，从而迈出为德国开发“欧洲鹰”可行性计划的第一步。接着，诺斯罗普·格鲁门公司又完成了在“全球鹰”上安装 EADS 研制的电子情报任务载荷的试验，验证用电子情报系统实施广域监视任务的技术可行性。

2003 年 10 ~ 11 月，AV–1“全球鹰”在位于德国诺德霍尔兹市的海军基地开展了为期 3 周的飞行演示验证，完成了 6 次电子情报有效载荷的验证飞行。图 6–17 为参加演示验证的 AV–1“全球鹰”，图 6–18 为 AV–1 上安装的电子情报任务载荷。

此次演示安排了大量辐射源，为“全球鹰”电子情报任务载荷提供了逼真的电子环境。这些辐射源包括机载、海基和地基雷达。比如，为了支援这次电子情报演示，来自维特蒙德空军基地的 8 架 F–4F“鬼怪”飞机在北海上空

图 6—17　首次飞往欧洲参加为期 3 周演示验证的 AV—1 “全球鹰”

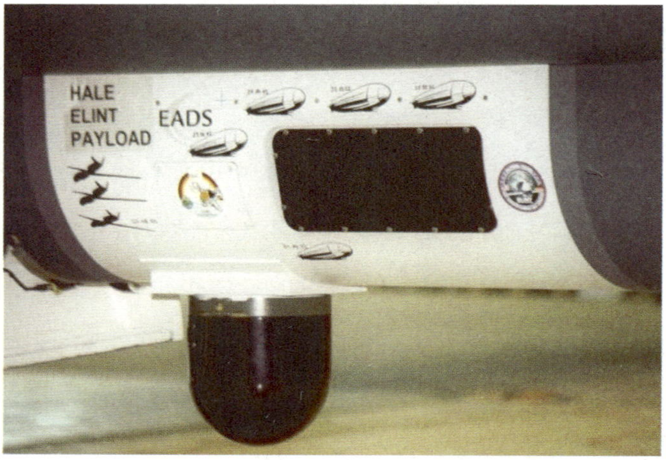

图 6—18　AV—1 上安装的电子情报任务载荷

执行了雷达截获任务。除机载雷达外，德国威廉港海军基地提供了海上辐射源，德国陆军和空军的“猎豹”自行高炮、“罗兰”、“霍克”、“爱国者”导弹等地面防空雷达系统也参与了演示。另外，在演示过程中，电子情报任务载荷还侦察到大量预先未设定的机载雷达，其中包括荷兰和丹麦空军的 F−16 战斗机上的雷达、德国空军的“狂风”和法国的“幻影”2000 上的雷达以及英国皇家空军的“狂风”F3 上的雷达。演示中另外一个意想不到的结果是，沿 4Mb/s 数据链下行传输的传感器数据量很大，以至于电子情报地面支援站很快就被“淹没”了。所以急需对电子情报地面支援站进行能力上的扩展。

这次电子情报演示试验对于德国空军具有较大的意义，明确了空军究竟对哪些任务能够从有人驾驶飞机转移到无人机上进行评估。而对于德国海军而言，通过在“全球鹰”上加装新型电子情报设备，希望能逐步取代其逐渐老化的“大西洋”电子情报飞机。这次演示是德国对使用无人机来满足广域监视需求进行评估的关键，也是“全球鹰”首次在欧洲的受控空域中成功使用，为今后欧洲无人机的进一步发展铺平了道路。

2005 年 3 月，为响应德国国防部 2004 年 9 月发出的项目招标书，诺斯罗普 · 格鲁门公司与 EADS 建立了合资公司——“欧洲鹰”股份有限公司，双方各出资 50%，共同开发“欧洲鹰”无人机。公司位于德国—瑞士边境博登湖畔的腓特烈港，于 2005 年 11 月 4 日正式运营，是德国国防部“欧洲鹰”系统全寿命周期合同的主承包商。

2006 年 5 月，德国国防部与美国空军在柏林又签署了一份谅解备忘录，计划在 Block 20 基础上开发 5 架“欧洲鹰”——1 架原型机和 4 架生产型，于 2010 年取代德国空军过时的、由法国“大西洋”反潜巡逻机改装的信号情报侦察机。

2007 年 1 月 31 日，“欧洲鹰”股份有限公司获得德国国防部价值 5.59 亿美元的合同，正式启动 5 架“欧洲鹰”的生产。2009 年 8 月，诺斯罗普 · 格鲁门公司为 2 架“欧洲鹰”完成结构组装。2010 年 6 月 29 日，第一架“欧洲鹰”成功首飞。该机将在爱德华兹空军基地进行最后的作战试验与评估。4 架生产型飞机将于 2011 ～ 2014 年交付。

6.1.3.2 澳大利亚

澳大利亚很早就开始关注“全球鹰”项目，并投资、参与了多次试验与军事演习，但迟迟未做出采购决定。

早在 1999 年 3 月，澳大利亚国防部科学技术组织（DSTO）就宣布了 3000 万澳元的协议，与美国空军和诺斯罗普 · 格鲁门公司合作研制一种“全球鹰”的海上监视型雷达并评估无人机是否适合澳大利亚皇家空军“Air 7000”项目（多任务海上高空长航时无人机项目）的需要。

2001 年 4 月 22 日，“全球鹰”AV–5 原型机飞越太平洋直抵澳大利亚阿莱德附近的爱丁堡皇家空军基地，参加澳大利亚空军、美国海空军、美国海军陆战队、加拿大海军和海岸警备队联合举行的军事演习。此次飞行持续22.5h，总行程达12000km（相当于绕地球1/4），使“全球鹰”成为世界上第一架成功飞越太平洋的无人机。在飞行途中测试了机上传感器的海上工作模式以及美国、澳大利亚联合研制的图像发送装置。图6–19为从美国加利福利亚州起飞、最后成功抵达澳大利亚的AV–5“全球鹰”。

图6–19　参加军演飞抵澳大利亚的AV–5“全球鹰”

6月7日，AV–5“全球鹰”完成了为期6周的部署。图6–20显示了AV–5“全球鹰”在澳大利亚期间执行不同任务的作战半径。在不同区域共执行11项任务，其中包括：对富目标环境和贫目标环境深海及浅海的侦察；对海运交通的监控；对远距离飞机场的侦察；对地点和地域的侦察。其中5项任务是为配合在昆士兰进行的军事演习，演习中“全球鹰”完成的任务有：掩护美军和澳大利亚军队黎明前的两栖登陆，探测、鉴别及跟踪海军舰队，掩护舰队；为海上攻击资源提供目标数据等。演习证实“全球鹰”具有极强的数据和图像传输能力。演习中，“全球鹰”直接将雷达图像传送到陆军战术情报系统和海军“乔治·华盛顿”号航空母舰上的海军终端。

部署“全球鹰”的关键在于澳大利亚DSTO的资金投入。考虑到澳大利亚国防军对“全球鹰”海上及沿海侦察的主要需求，DSTO进行了详细的系统分析以确定任务的方案、纲要和部署工作以及性能评估。由于“全球鹰”系统被设计为一个地面侦察系统，DSTO集中精力重新配置“全球鹰”系统，使之能承担海上及浅海侦察任务。据透露，评估“全球鹰”作为海上侦察装备可行性的其他关键问题包括：获取实时控制传感器的能力、探测和识别传感器／传感器模式的综合能力，以及导航通道敏捷而且动态的再分配能力等。

为确保海上及沿海侦察作战的实施，澳大利亚对“全球鹰”传感器组件进行了有效的再开发。通过汲取本土“Ingara”合成孔径雷达开发计划的经验，DSTO 定义了 3 种新的雷达传感器模式，即海上运动目标显示模式、海上广域搜索合成孔径雷达模式和逆合成孔径雷达模式。前两种模式被用于舰艇探测，后一种用于舰艇识别。DSTO 还定义了人／机接口功能，使澳大利亚国防军操作人员能够在该系统部署澳大利亚期间实时地直接控制新的雷达模式。另外，通过改造现有的和最初根据澳大利亚国防军“联合计划 129”为广域空中监视要求而研制的实时地面站，研制出了澳大利亚飞机地面设备(AGE)。AGE 确保了情报机构对传感器数据进行实时／近实时处理，以及情报的充分利用、分析与分发。

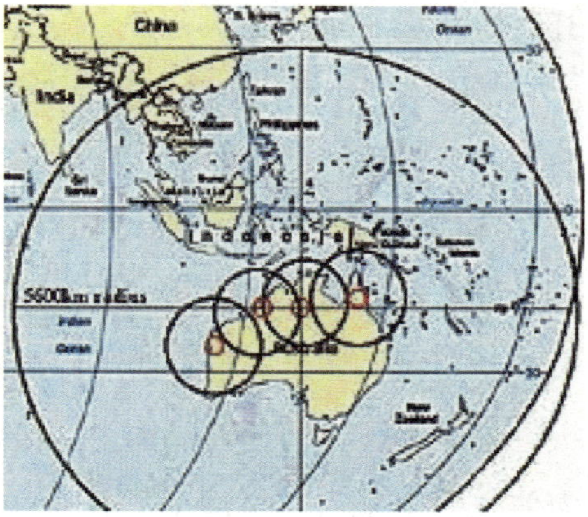

图 6—20　AV—5“全球鹰”在澳大利亚的作战半径

DSTO 还与澳大利亚 CSC 公司、澳大利亚 BAE 系统公司、VCorp 顾问公司、澳大利亚系统服务公司与斯维尔德鲁普技术公司等地方工业伙伴合作，开发了利用、分析与态势感知特殊工具，传感器任务再分配工具，分发／报告格式工具。

演习结束后，澳大利亚空军和 DSTO 均表示出对“全球鹰”的极大兴趣。2005 年 3 月，诺斯罗普·格鲁门公司、Tenix 防务公司和萨伯系统公司宣布，如果“全球鹰”被“Air 7000”项目选中，它们将组队为澳大利亚开发“全球鹰”地面系统。该地面系统具备指挥与控制和“全球鹰”数据采集功能，能在澳大利亚部队实现完全互操作，并能与同一工作包中的美军装备具有互操作性。联合研制团队还将寻求“全球鹰”的供应商（如雷神公司和罗·罗公司，它们分别为美国空军的“全球鹰”提供传感器、地面系统以及发动机）的帮助开展地面系统的研制。

2006 年 10 月，由澳大利亚 DSTO 投资 350 万美元，进行了“全球鹰”在澳大利亚的虚拟使用试验。这次试验是以模拟与仿真技术为基础的“虚拟演习”。诺斯罗普·格鲁门公司利用其位于美国加利福尼亚州圣地亚哥的“网络战综合节点”（CWIN）设施完成了此次演习。演习中，“全球鹰”虚拟机在澳大利亚西北大陆架进行监视飞行，演示了与皇家澳大利亚海军的“阿米德尔”级巡逻艇协同执行任务的能力。诺斯罗普·格鲁门公司 CWIN 设施的仿真能力使它无须采用实机演示方式。在这次虚拟演习中，CWIN 设施中采用了多台真实的“全球鹰”计算机，并专为测试“全球鹰”的先进传感器进行了能力扩充，从而高保真地模拟了整个“全球鹰”系统。演习持续了 2 周，来自 DSTO 的研究人员和皇家澳大利亚空军的人员每天进行 3 次仿真飞行，测试内容包括“全球鹰”和巡逻艇上的通信设备与传感器、在所有的气象条件下使用的能力、多种不同的飞行高度以及多种不同的平台布局。DSTO 的研究人员表示该虚拟演习实现了所有预定目标，虚拟演习的结果报告于 12 月提交给澳大利亚国防部，帮助他们定义需求，以在“Air 7000”项目的第一阶段采办一种长航时信息无人机系统。

2009 年 3 月初，澳大利亚国防部宣布取消采购诺斯罗普·格鲁门公司“全球鹰”的计划，这意味着澳大利亚将不再参与美国海军的 BAMS 计划。但随后的澳大利亚新国防白皮书又称，澳大利亚皇家空军没有放弃采购“全球鹰”无人机系统。在 2017 年前后，澳大利亚皇家空军将采购“全球鹰”，装备第第 10 和第 11 中队，配合 P-8A“海神”侦察机作业，取代 P-3C（见图 6-21）。澳大利亚国防部长表示，澳大利亚只是延期参与 BAMS 计划，并非取消。

图 6-21　澳大利亚皇家空军的 P-3C

6.1.3.3　NATO

2009 年 9 月，北大西洋公约组织(NATO)在经历了多年的讨论后，最终确定使用装载了 MP-RTIP 有源电扫描阵列雷达的 Block 40 “全球鹰”作为其联合对地监视计划（AGS）的无人机，该项目旨在研制装有地面目标跟踪雷达的无人机。目前，该项目已获得 15 个国家的参与，包括保加利亚、加拿大、捷克、丹麦、爱沙尼亚、德国、意大利、拉脱维亚、立陶宛、卢森堡、挪威、罗马尼亚、斯洛伐克、斯洛文尼亚和美国。AGS 项目预计采购 8 架“全球鹰”，NATO 希望 2012 年第一架 AGS“全球鹰”投入使用并具备初始作战能力，2014 年达到全面作战能力。图 6–22 为一架印有 NATO 标记的“全球鹰”。图 6–23 为 NATO“全球鹰”拍摄的海地地震遗迹照片。

6.1.3.4 其他国家

图 6–22 印有 NATO 标记的“全球鹰”

图 6–23 NATO“全球鹰”拍摄的海地地震遗迹

（1）加拿大

加拿大是“全球鹰”潜在客户之一，该国有海陆监视的需求想要替换现行的 CP-140“奥罗拉”有人侦察机，以便用遥控方式对北极和远洋进行低成本监控。

（2）英国

早在 2004 年，英国就向五角大楼提出申请，希望能在英国演示验证“全球鹰”替代皇家空军 PR9 飞机的可能性，以满足新的远距离长航时侦察监视需求。

（3）韩国

韩国国防采办项目局（DAPA）一直向美国表达希望至少于 2011 年前取得 4 架 RQ-4B“全球鹰”和支持设备，以提升韩军智能化程度，有助于战时和美军协同作战。2008 年 8 月，美国政府通知韩国，同意向其出售“全球鹰”无人机。2011 年 3 月，美国已和韩国达成一份初步销售协议，将向韩国出售 4 架“全球鹰”。如果协议获得国会批准，韩国将获得 Block 30 型“全球鹰”，配备一个光电／红外有效载荷，但不包括先进信号情报有效载荷，美国暂不愿与韩国分享该系统。

（4）日本

为监视朝鲜的弹道导弹试验，日本 1998 年就开始自行研制高空长航时无人机，由三菱重工和其他几家公司负责开发，但由于成本原因及时间限制，短期内未找到有效的解决方案。2006 年 1 月，日本防卫厅官员证实日本打算从国外采购现成的高空长航时无人机，“全球鹰”是日本采购的重点。日本空军希望订购针对空军的 RQ-4B Block 30 型，日本海军则更倾向于海军型版本——MQ-4C，因此采购决策迟迟未定。

（5）新加坡

新加坡 1999 年开始研发本国的高空长航时无人机，研究活动一直持续到 2005 年。目前新加坡决定放弃自行研制，转而选择与其他国家合作开发或采购美国的“全球鹰”。

6.2 作战评估

1999 年 6 月 ~ 2000 年 6 月，美国联合部队司令部在 ACTD 范围内对“全球鹰”进行了军事效用评估（MUA）。目的是深入研究美国在海湾战争中暴露的情报、监视和侦察资源的缺点，具体包括长航时侦察、监视和目标截获，大面积成像性能，以及战术部队图像接收的保障等。位于美国新墨西哥州科特兰空军基地的空军作战试验与评估中心（AFOTEC）第一分队为美国联合部队司令部进行了评估。

6.2.1 评估部署

“全球鹰”系统由三大部分组成：无人机、发射与回收单元（LRE）和任务控制单元（MCE）。无人机用于低至中等威胁区域的侦察和监视任务，携带有合成孔径雷达和光电／红外传感器。LRE 提供飞机起降指令和控制，由于它有地面操作和发射所需要的差分全球定位系统，因此必须与无人机位于同一基地。在评估的大部分时间内，LRE 位于加利福尼亚州的爱德华兹空军基地的无人机总部。而 MCE 可以置于几乎任何位置——在后方的使用区域或前方部署位置。在评估的大部分时间内，MCE 位于加利福尼亚州的圣地亚哥。

6.2.2 评估过程

对“全球鹰”为期一年的 MUA 分为 3 个阶段：“爬”（基础）、“走”（中级）和“跑”（高级）。“爬”阶段用来验证“全球鹰”的基础性能；“走”阶段的目标是开始着重于系统性能；最后的“跑”阶段设计用来验证“全球鹰”在演习模拟作战环境中出类拔萃的能力。按计划在评估期间逐渐增加使用的复杂性，使之与系统研制、无人机可用性和成熟度的进展相对应。

系统评估计划通过 12 次独立的军事验证和演习鉴定“全球鹰”的作战效果（见表 6–6）。项目结束时，要收集到能够评估“全球鹰”效能、适用性和协同工作能力的数据。

表 6–6　MUA 活动

阶段	日期	演习
“爬”	1999 年 6 ~ 9 月	“流沙”1999； 扩展航程 1； 联合远征军演习 /1999 综合武力演习； 综合武力演习 10–99
“走”	1999 年 10 ~ 12 月	扩展航程 3； 扩展航程 4； 联合特种部队演习（西）； 联合特种部队 – 6
“跑”	2000 年 1 ~ 6 月	部署至埃格林空军基地； 2000 联合海上演习； 联合特种部队演习（东）； 重新部署至爱德华兹空军基地

6.2.3　评估方法

为了保证收集到所需要的数据，制定了“全球鹰”系统整体 MUA 全面计划——综合评估计划。此计划包括 277 种测量方法，将系统多个利益相关方所关心的使用、维护和采办问题都包括进来。另外，每次验证前都要编制评估执行文件，提供与要遵循的数据收集程序相关的特定详细信息。

在“全球鹰”的每次评估活动中，都将设备和人员配置在多个位置用于数据收集。为了保证收集到精确而全面的数据，第一分队在无人机 MCE 附近设计、建造了一个数据收集、分析和存档活动房，并为它配备了人员。这个活动房不仅可以尽早确定问题区域（例如通信数据链中的缺口），还可以形成项目评估数据库，包括评估中收集到的所有图像。第二个活动房位于 LRE 附近的无人机现用基地，用于维护和飞行数据的收集。

用来收集效用信息的方法包括电子数据、人工表格和调查表。电子数据包括收集到的图像和用于确定图像分发给地面站和情报利用系统的数量和及时性的多种计算机日志。用于收集数据的人工表格包括使用和维护表格。使用表格用来记录每次飞行开始时的系统构型，以及与飞行和无人机使用有关的详细情况（例如起飞延时、计划 / 实际起飞和着陆时间、飞行前和飞行后检查，以及飞机起飞／着陆地点和操作区域的气象数据）。使用表格也用来跟踪与重新分配任务要求相关的数据。爱德华兹空军基地的维护人员使用维护表格来记录系统差错、采取的纠正措施和预防性维护措施、维护延时、零件消耗、发动机工作小时数以及系统和飞机的可用性。调查表用来在整个项目过程中获得对“全球鹰”系统的主观评估意见。反馈人员包括收集管理人员、维护人员、图像分析人员和作战人员／战术使用人员。最后对一年评估中所有收集到的数据进行整理、分析和解释，解决在项目开始时确定的使用问题，并最终向作战人员提供对“全球鹰”性能最精确的评估。

6.2.4 评估结果

长达一年的评估收集到足够多的数据来验证“全球鹰”效能、适用性和协同工作能力，评估结果如下。

（1）效能

验证表明，“全球鹰”能持续飞行 32h，能完成几乎任何类型的作战任务，包括作战空间的情报准备、作战损伤评估、缉毒行动、近实时作战评估等。“全球鹰”在指定地点 24h 内可以收集约 400 个聚束合成孔径雷达场景。有效的收集速率大约为每小时 17 个合成孔径雷达场景,每小时最多可收集 41 个场景。“全球鹰”按收集计划能可靠地收集 85% 的场景，如收集计划被置于最高优先级,则能收集 99% 的场景。偶尔遗漏的场景一般可在重新派发任务时得到覆盖。

战场的作战评估和由国家图像测绘局的分析表明，合成孔径雷达聚束图像小样本的国家图像解译度等级标准（NIIRS）值为 5.5 ~ 6.0，达到了设计目标。多军种情报利用系统操作人员所提供的所有 NIIRS 等级的平均值为 3.6，其中 71% 的等级在 3.0 ~ 5.0 之间。工程试飞中收集到的光电和红外图像也达到了设计目标。将合成孔径雷达图像进行 3 : 1 压缩，可将传输时间缩短至 1/4，而不影响图像质量。

从“全球鹰”捕获图像至情报利用系统接收到图像的及时性取决于所使用的通信数据链。通过全球广播系统的远程连接，产生的平均时间为 4h。直接连接到任务控制装置所产生的分发时间约为 15min。从“全球鹰”直接下行链接到情报利用系统速度更快，3min 内就能将场景传输至海上与陆地设备。传输至陆基接收机 100% 有效。

（2）适用性

“全球鹰”验证了完成 75% 的计划架次和 99% 的计划飞行小时的能力。一天内的再次出动时间在几种场合下都进行了验证，在“爬”阶段验证过一次 6h 的再次出动时间：“全球鹰”系统从美国的西海岸部署到东海岸，先后经过佛罗里达州的埃格林空军基地（起飞）和弗吉尼亚州的萨福克空军基地（任务控制），成功完成了 2 次东海岸验证。

（3）协同工作能力

“全球鹰”系统能与来自于各军种和联合机构的情报利用系统协同工作——所有系统都能接收、查看和利用合成孔径雷达聚束场景。但大部分设备不能实时显示广域搜索场景。主要问题在于扫描条带未按收集的时序到达，还有就是大多数情报利用系统缺乏图像解压缩的软件。

“全球鹰”执行传感器任务重新分配的平均成功率为 85%。系统在约 8h 内能够输入并执行 100 多次任务重新分配。观察到的最快的任务重新分配是从任务要求到接收仅用了 4min。标准的任务重新分配时间为 30 ~ 60min。此外，使用“Goto #号航路点”指令提供了有限程度的飞行路线（导航）任务重新分配。在一次任务中，航路点一般以数字编号执行。使用人员利用“Goto”指令就能将无人机派往任何预先计划的航路点，或者甚至可以将其派往沿途的其他点。这种性能为在预先计划的飞行路线上的航路点之间机动提供了很大的灵活性。

6.2.5 挑战和经验教训

评估收集到的数据也表明，有几个问题需要解决才能使“全球鹰”无人机系统达到实战要求的作战效能。

（1）任务计划

用于生成“全球鹰”任务的自动化任务规划器不够快，不能满足正常 4 天的作战任务计划周期。由于“全球鹰”无人机是无人操纵的，一次飞行中的每个动作都要预先编排好。另外，早期对安全的关注要求预先计划和编排好临时路线，以防在飞行路线任意点发生空中应急事件。临时路线计划耗费了很多的任务计划工作量，从开始到完成需要 10 ~ 15 周。此外，在评估期间为新的空军基地开发着陆飞行航线图和临时计划也极为耗时。

（2）通信

“全球鹰”系统占用很大的带宽。评估期间的适当研发测试程序需要双重指令和控制通道，这就意味着超视距任务需要 25kHz 超高频卫星通信和商用 Ku 波段卫星通信。从无人机至 MCE 的近实时传输图像需要 Ku 波段，但困难在于不是全球都具备 Ku 波段。

（3）分发计划

目前的“全球鹰”系统不能提供自动分发计划。在项目开始时，MCE 只能将场景自动发给一个用户，改进后能将场景发送至多个目的地（超过 3 个），但在及时性方面有所损失。此外，计划系统不产生为场景确定不同用户或目的地的收集需求。这样任务计划系统的输入就会缺乏用于指定多个用户所需的信息，也缺乏为不同场景确定不同保密等级的能力。

（4）维修性

由于总的数据不够，维修性问题在验证期末未能得到确定的答案。4 架无人机在评估期共飞行接近 700h，不够支持综合的维修性分析。但数据收集人员能确定重复发生的维修问题，并建议修改机体以解决这些问题。

（5）备件 / 后勤

验证期间非常缺乏备件。“全球鹰”系统的长期目标包括使用多架飞机同时飞行来进行连续监视，如果没有足够的备件，这个目标就不能达到。传感器系统太少尤其令人忧虑，因为它们是交付期较长的设备，需要精确调谐以达到完全的成像潜能。

（6）训练有素的人员

评估期间，空中作战司令部的第 31 试验与评估中队能提供主要使用人员和维护人员，但实际使用还需要更多的人员。尽管存在上述问题，但并没有影响美国联合部队司令部做出积极的结论。在MUA结束时，联合部队司令部做出的结论是："全球鹰"具备军事效用、能立即使用从而有助于提高美国部队的作战效能。

6.3 作战使用

"全球鹰"先后参与了两次战争，在侦察监视、数据传输与通信、动态任务分配等方面表现卓越，对作战胜利起到了至关重要的作用。但同时也暴露出一些问题，如占用通信带宽过多、海量数据处理过慢、可靠性存在严重不足等。实战经验为美军修正和提升"全球鹰"的性能提供了依据，也为制定未来无人侦察机应用和发展策略明确了新的方向。

6.3.1 阿富汗战争

由于顺利通过了MUA，特别是2001年的"9·11"事件改变了"全球鹰"项目原来的发展思路，美国政府要求迅速部署"全球鹰"。当时美国空军仅有4架"全球鹰"，派出了2架投入阿富汗"持久自由行动"，一架是参加过2001年澳大利亚军事演习的AV-5，一架是高速滑行受损后修复的AV-3（见图6-24）。只用了两个月时间，"全球鹰"就部署到阿富汗，美国空军组织了自己的轮班控制和维修小组，以及承包商的一些人员为"全球鹰"提供服务。

图6-24 编号为AV-3/98-2003的"全球鹰"

2001 年 11 月，“全球鹰”正式投入作战使用，其飞行任务由空军作战试验和评估中心负责和实施，主要任务就是为战区指挥官提供大范围高质量的图像情报。并且，“全球鹰”还首次携带 LR-100 电子情报侦察系统，用于对阿富汗战区电子信号的侦收。

在阿富汗，“全球鹰”的典型作战方式是：部署在亚洲西南部阿布扎比奥德哈法拉基地的 LRE 操作员启动“全球鹰”飞行，一旦升空，飞机就被转交给 MCE，在那里经过训练的空中作战司令部操作员在整个作战任务中遥控飞行无人机。着陆时，对飞机的控制权又转交回处于 LRE 的操作员，由该操作员来着陆和回收飞机。

“全球鹰”利用机载光电／红外传感器等设备出色地完成了侦察监视任务，帮助美军多次精确打击塔利班军事基地。

2001 年 11 月底，美国中央司令部开始准备攻击托拉博拉山区“基地”武装隐藏的地方。“全球鹰”的传感器以点模式工作，美国中央司令部拼贴了小道和山洞图像，每一图像覆盖约 5.83km^2 的区域。分析人员探测到“基地”组织的营火，偶尔可以看到小道上的人及“基地”武装人员在行走。从这些图像中可以分析出哪些山洞中隐藏有武装人员、哪些山洞没有、营火位置等情报信息，对接近该区域提供了良好的俯视图。光电图像精确示出了塔利班可能的营地。空军基本上依靠扫描这个区域，估计谁在什么地方，什么地方有武装人员的活动，然后指引“捕食者”、AC-130 重型攻击机、F-15E 和 B-52 等去进行攻击。

在多国部队攻击托拉博拉期间，“全球鹰”被命令停止其计划的图像收集飞行，代之以目视飞行规则直接飞到托拉博拉并获取图像。2001 年 12 月 10 日当地时间凌晨 2 时，“全球鹰”探测到塔利班的营火、山脊和山洞入口处的监视哨，然后把信息发送给分析人员。数分钟后，“全球鹰”探测到星形的红外闪光，表明 AC-130 直接击中了这些目标。

另外，由于阿富汗战争中的美军司令官需要快速反应，因此“全球鹰”常常用于执行临时的特种任务。一般来说，飞机沿事先规划好的一条航路收集数百个被分配的图像，用规划来保证该机从一点飞往另一点不会浪费时间。

但为响应战时快速反应需求，“全球鹰”使出了看家本领——动态重新分配任务，它能相当容易地执行重新规划的任务，敲几下键盘，用鼠标点击几下，就可操纵它按新的航向飞行，而且传感器操作员可使其传感器指向新的方向。

2001 年 11 月 18 日，AV–5“全球鹰”正在靠近坎大哈的地方执行例行的侦察任务时，收到调它去为一次酝酿中的危机提供图像的命令。因为被拘留的塔利班和基地组织武装人员在阿富汗东北部马扎里沙里夫附近的希比利甘战俘营中发生骚乱，美军决定调侦察机赶往那里了解情况。当时 AV–5 离骚乱发生地有数百英里之遥，MCE 的操作员重新指引 AV–5 向北飞。AV–5 获得了相当好的红外图像，看到了起火的地方。图 6–25 为“全球鹰”拍摄的红外图像照片。

图 6–25 “全球鹰”拍摄的红外图像照片

“持久自由行动”中的成功作战令人印象深刻。美军把“全球鹰”誉为战场上的“图像信息处理器”，其高空长航时和大面积侦察覆盖范围的能力对于作战而言起到重要作用。同时，“全球鹰”也验证了它的到达—返回能力，以及控制它的人可与需要它的人进行联系的能力，打开了远距离操纵无人机系统的大门。“全球鹰”在战区的时间：2001 年 11 月 11 日 ~ 2002 年 9 月 28 日；参与人员：项目办公室 20 多人，承包商 30 多人。“全球鹰”在“持久自由行动”

中的任务完成情况如下。

- 63 次作战任务；
- 作战飞行小时 1237h；
- 收集 317338 幅图像。

不幸的是，2001 年 12 月，AV–5 在阿富汗东北地区执行任务时遇到了问题，在试图进行 6h 飞行返回基地的过程中坠毁。美国空军随后停飞了 AV–3。在安全评审后于 2002 年 3 月批准 AV–3 和新部署的 AV–4 恢复飞行，但 2002 年 7 月，AV–4 因升降舵故障坠毁。

6.3.2 伊拉克战争

美军先后在伊拉克战场部署并使用了十几种无人机，是阿富汗战争时的 3 倍多，其主力机型为“全球鹰”和“捕食者”。由于在阿富汗战争中损失了 2 架“全球鹰”，致使该型无人机的库存数量相当吃紧（当时仅有 4 架），因此在伊拉克战争中只派出了 2 架“全球鹰”——AV–3 和 AV–6，实际只使用了 AV–3。AV–3 的合成孔径雷达和光电／红外传感器都做了升级，其主要任务是战场目标侦察与监视、信号情报侦察，并作为网络中心战的重要节点进行战场数据传输与通信。图 6–26 为参战的 AV–3“全球鹰”，它与美军情报、监视与侦察平台协同工作，该平台包括 8 架 E–8“联合监视目标攻击雷达系统”战场监视飞机、9 架 RC–135“联合铆钉”飞机以及 15 架带有多种传感器载荷的 U–2 侦察机。

同阿富汗战争一样，此次任务同样由军方和“全球鹰”承包商人员联合

图 6–26　伊拉克战争中参战的 AV–3“全球鹰”

参与，LRE 部署在亚洲西南部阿布扎比奥德哈法拉基地。在美国本土加利福尼亚州比利空军基地新增设了任务控制室，另一个关键的节点设在内华达州的里诺，这里有美国空军国民警卫队（ANG）第 152 情报中队，负责分析“全球鹰”获得的图像。ANG 分析人员通过在线聊天、语音和 E-Mail 等方式把分析结果传送到卡塔尔的联合空战中心（CAOC）。

伊拉克战争中“全球鹰”的典型作战方式是：“全球鹰”将伊拉克上空获取的图像传给内华达州的 ANG 分析人员，随后发送到战区的 CAOC。分析人员详细查看收到的电子图像和信息，并在一个特殊的保密在线聊天室内共享有关图像数据。与此同时，分析结果发送到 CAOC 的指挥桌上。然后，伊拉克上空飞行的战斗机便通过预警机或直接通过机上数据链得到目标信息，实施精确攻击。

由于有了阿富汗的经验，“全球鹰”在伊拉克的作战更有成效。美英联军能够迅速向伊纵深推进，很大程度上取决于“全球鹰”提供有关的地理位置、及时的行动意图、持续的信息。这依赖于“全球鹰”卓越的作战能力，主要表现为全天候侦察监视能力、数据传输与通信能力以及任务控制能力。

（1）全天候侦察监视

“全球鹰”载有合成孔径雷达、光电传感器和红外探测器 3 种侦察设备。合成孔径雷达探测范围广、图像分辨率高，可区分小汽车和卡车。光电传感器用于对目标拍照，图像分辨率接近照相底片的水平，即使在不利的气候条件下，也能提供高质量的目标侦察图像。红外传感器可发现伪装目标，分辨出活动目标和静止目标。图 6–27 从左到右依次为伊拉克战争期间“全球鹰”拍摄到的合成孔径雷达照片、红外照片和可见光照片。

图 6–27 “全球鹰”拍摄到的合成孔径雷达照片、红外照片和可见光照片（从左到右）

2003 年 3 月 8 日，AV-3“全球鹰”刚到达战区就被分配执行伊拉克南部禁飞区的任务。这是战前空战的一部分，目的是摧毁伊拉克防空体系。“全球鹰”的任务是帮助确定伊军地空导弹发射阵地位置以及“飞毛腿”导弹可能的基地。

在一次典型的侦察行动中，“全球鹰”协助在叙利亚、伊拉克边境作战的美军第 101 空降师，他们正奉命搜索疑似运送反美武装分子及其武器的运输卡车。由于天气不好，“全球鹰”先使用合成孔径雷达以穿透厚厚的云层发现地面物体。它获取 $2km^2$ 范围内的图像仅需 10s，在 3min 内能捕获 20 个目标。其长航时特性使得操作人员能够多次扫描同一目标，如在天气不佳时先用合成孔径雷达拍摄一次，天气放晴后再用光电／红外相机拍摄一次。这对于 U-2 侦察机来说很难办到，因为飞行员的在岗时间有限。不久，操作人员从发回的照片中发现了长长的运输卡车队，他们正搭载着可疑人员穿过边境进入伊拉克，图像分析专家还通过照片辨认出了卡车的种类。“全球鹰”的红外传感器在夜间尤其有用，指挥员可以清晰地观察到目标的行动变化，图像分析专家足以区分出人和骆驼。

“全球鹰”在美英联军对目标（如伊拉克共和国卫队）的攻击中也起到关键作用。攻击计划人员开始准备派 F-15E 对被指定的“杀伤框”进行攻击协调和侦察（SCAR），但 F-15E 采用夜间低空导航与红外瞄准系统（LANTIRN）吊舱进行观测，覆盖一个区域需要大量时间，所以并不是执行该项任务的最佳平台。为此，“全球鹰”小组在攻击前 3h 派出 AV-3 在“杀伤框”上空飞行，图像管理人员根据 AV-3 收集的图像就可以了解伊拉克共和国卫队的部署位置。

（2）数据传输与通信

“全球鹰”最大的数据传输优点就是，它能够与现有的可部署联合情报支援系统和全球指挥控制系统链接，图像能直接而实时地传送给指挥官使用，用于指示目标、预警、快速攻击与再攻击、战斗评估等。

伊拉克战争中，“全球鹰”首次被用来为 F/A-18C 战斗机传递数据，以便攻击伊拉克导弹系统。在一次作战中，“全球鹰”机载合成孔径雷达指示机上的 AAQ-16 光电／红外传感器瞄准伊军隐蔽的导弹发射架；然后获取的数据通过卫星数据链路传到地面控制站，分析和压缩后传送给美国海军的 F/A-18C 战斗机，F/A-18C 利用这一信息瞄准并摧毁了在桥下的伊拉克导弹系统。从观察、探测到发射导弹摧毁目标所用的时间仅为 20min，大大提高了打击力度。

“全球鹰”也可同 B-1B 和 B-2 轰炸机进行通信联系，对轰炸机的指定平均弹着点（DMPI）是否仍包含伊拉克的坦克和大炮提供“最后一看”的评估。如果没有包含伊拉克的坦克和大炮，则轰炸机可保留其炸弹，用于攻击非规划的突然冒出来的目标。无人机分析人员与轰炸机任务规划人员可以观看同一图像，他们采用公共的参考数字来识别有关的 DMPI。

“全球鹰”与 F-16CJ 战斗机也采用类似的方式协同作战。F-16CJ 战斗机主要执行敌方空防压制任务，攻击伊拉克北部空防最后残余。“全球鹰”被较早地派去探测可能的目标，这个过程能使空战更有效。“全球鹰”将确定可疑空防基地的位置，并获取图像，然后信息通过内华达州的基地被送到 CAOC，CAOC 通过 VHF 与 F-16CJ 联系，通知他们目标的有关情况。F-16CJ 再携带“联合直接攻击弹药”（JDAM）、“联合防区外武器”（JSOW）、“风力修正弹药布撒器”（WCMD）和哈姆（HARM）反辐射导弹进行攻击。

（3）动态任务分配

根据战场任务需要，“全球鹰”除了执行目标列表中的任务外，通常还会有一些额外的即兴的临时任务。“全球鹰”执行临时任务被称为“偏离黑线”。“黑线”是指“全球鹰”任务控制站数字地图屏幕中出现的无人机飞行路线，往往会随着反复侦察而呈现 Z 字形的变化。这些“黑线”仅仅是初始的任务，由于突然插入的即兴任务指令很多，“全球鹰”能够按照既定的飞行路线完成任务的次数很少。

在伊拉克战争中，位于卡塔尔的 CAOC 经常发出快速反应命令，如迅速支援陷入交火状态的地面部队士兵，或者计划一次突袭。在一次协助第 101 空降师士兵搜索边境的任务中，计划中的目标总数只有 257 个，操作人员“比较空闲”。但没过多久，CAOC 就发出了 2 次即兴指令。第一次是地面部队在摩苏尔附近发现了反美武装的踪迹，需要“全球鹰”在天黑前对一座桥梁拍摄 8 张照片加以验证；第二次是在晚上 8 时左右要拍摄巴格达空军基地以北 10km 的地区，那里发生了狙击事件，需要协助缩小搜索范围。接到指令后，无人机地面站的指挥控制人员立即重新调整“全球鹰”的任务，协同1架U-2侦察机、2架E-8C电子战飞机、2架信号情报飞机和2架EP-3巡逻机一道完成了任务。这一成果说明在信息融合技术和跨平台快速分享方面美军也已取得了突破性进展。

除以上作战能力外，“全球鹰”还具备战场毁伤评估能力，它在高空可概略地进行战场毁伤评估，与“捕食者”等无人机配合使用，提高了战场毁伤评估的效果。“全球鹰”还携带有电子干扰装备，具有较强的电子干扰能力。它通过机载辐射电磁波发射器对敌电子设备进行有源干扰，也可施放箔条或金属干扰丝等进行无源干扰。它还配备了多种防身装备，一旦敌方发射导弹，其机载探测装置可立即发现，并发射诱饵进行干扰。图6-28为投入伊拉克战争的AV-3“全球鹰”正在被牵引。“全球鹰”在战区时间：2003年3月8日～5月2日。“全球鹰”在伊拉克战场上的任务完成情况如下。

图6-28　投入伊拉克战争的AV-3正在被牵引

- 16次作战任务；
- 作战飞行小时357.2h；
- 只飞行了3%的全部空中拍摄任务和5%的高空侦察架次，却完成总计55%的时敏目标（TST）发现任务；
- 收集超过4800幅图像，包括1296幅光电图像、1290幅红外图像、2246幅合成孔径雷达图像；
- 帮助美军摧毁伊军13个地空导弹连、50个地空导弹发射架、300个地空导弹箱、70 辆地空导弹运载车和 300 辆坦克（占伊拉克已知坦克总数的38%）。

6.3.3 暴露出的问题

虽然“全球鹰”在两次实战中表现出色，但也暴露出不少问题。

（1）通信带宽问题

在伊拉克战争期间，“全球鹰”进行侦察时占用的通信带宽约为海湾战争时整个美军通信带宽的 5 倍，使用现役军用通信卫星传输一帧“全球鹰”合成孔径雷达图像需 12min，传输带宽问题十分显著。当美军计划在关岛安德森基地部署“全球鹰”时，为整个关岛扩容通信能力也被列为计划的一部分。为了能够应对通信量的爆炸式增长，美军除了不断推出全球广播服务系统（GBS）、先进的极高频系统（AEHF）、转型通信卫星系统（TSAT）等军用通信卫星研制计划外，另一个重要举措是租用民用通信卫星的服务。据美军官员透露，目前约有 60% 的美军卫星通信由民用卫星提供，伊拉克战争期间参战美军的这一比例甚至达到了 84%。使用民用通信，一方面失去了政府固定频段抗干扰能力的固有优势，另一方面由于数据量巨大而难以加密的侦察图像数据通过民用卫星传输时也存在泄露的隐患。美军现已多次从阿富汗武装分子的笔记本电脑中发现他们通过 Skygrabber 等商业软件下载“捕食者”无人机侦察图像以规避打击，“全球鹰”是否会遇到同样问题值得关注。

（2）海量数据使用问题

“全球鹰”和“捕食者”等无人机获得的海量图像情报已经超出了情报分析人员的处理能力，这一“瓶颈”导致后方情报积压而前线却不能及时得到有用的情报。如何快速地从大量无用的图像信息中提取真正有用的情报，已经成为“全球鹰”系统急需解决的一个关键问题。

（3）常规的光学及红外对抗手段对“全球鹰”仍然有效

采用机上光学成像设备或雷达成像设备进行战场侦察是“全球鹰”的主要功能之一，通过雷达对抗和光电对抗手段，对“全球鹰”所装载的雷达/光学成像设备进行干扰，就会使其降低或者丧失成像侦察能力。如伊拉克战争中，沙尘暴、石油燃烧的浓浓黑烟都对美军“全球鹰”的侦察行动产生了一定影响。

（4）可靠性问题

阿富汗战争中损失的两架飞机都是机械故障造成的。之后的评估中，“全球鹰”的可靠性一直是个尚未解决的问题。2008 年，首批“全球鹰”Block 10 未能通过美国国防部作战试验与鉴定局（DOT&E）的作战适用性鉴定，原因在于系统的通信、图像处理、可靠性和维修性未达标，有待改进。同时 DOT&E 还指出，更先进的 Block 20、Block 30、Block 40 系列的研制试验也没有包括一个可靠性增强计划，Block 30 和 Block 40 还缺乏经过检验的作战概念。2010 年 3 月，DOT&E 在发布的年度报告中又指出：“……可靠性就是所有‘全球鹰’无人机系统（包括所有批次和载荷）存在的最大不足之处。……这将导致早期的作战使用问题多多。”

6.3.4 作战启示

“全球鹰”的实战经验为制定无人侦察机应用和发展策略明确了新的方向。战后，美军对无人侦察机的作战使用及未来发展方向进行了调整。

（1）改变作战概念，始终突出人的主导作用

原来对“全球鹰”的作战概念，只是将其作为能够按照预先指定的路线飞行并收集数据的自动飞行器。作战经验促使美国空军放弃了原来将“全球鹰”作为自主平台的概念，而是将它作为能够对战场变化迅速做出反应的遥控飞机使用。阿富汗战争中，美国空军在使用中验证了控制无人机的新的作战概念。同时，由于天气、观察角度和其他因素的影响，无人机的许多任务需要重新制定，从而导致大量操作人员参与控制无人机。在伊拉克战争中，美国空军派专人处于“全球鹰”无人机执行任务的回路中，也就是说，“全球鹰”执行任务时，需要有经验的控制人员决定其最佳飞行路径，重新定位传感器，以满足战场指挥官对侦察、监视、目标捕获和毁伤评估的要求。

（2）扩大应用范围

发展无人侦察机不仅要研制一种信息平台，而且要研制一种与战场信息

紧密相关的信息系统，从而不断扩大无人侦察机的应用范围。这突出表明，作为一种信息系统，要考虑如何将原始的传感器数据转换成能够提供决策用的情报。为此，要建立专门的地面信息接收站，接收本军种乃至全军的无人侦察机的信息。

阿富汗战争后，美军对无人侦察机执行改进计划，使其传感器具有更实时的探测能力和更有效的通信能力，从而大大扩展其任务范围。例如，美国海军就要求诺斯罗普·格鲁门公司对“全球鹰”进行重新设计。新飞机将装载有“专用于海军任务”的传感器组件，包括能捕获移动目标的逆合成孔径雷达，一个电信侦察包用于收集、记录、分析和破译敌方信号，一架红外照相机以及能将数据直接传送到战场指挥控制中心的通信数据链。新的“全球鹰”不仅提高了侦察监视能力，还可用于十分重要的太空监测。它可以区分敌方卫星的种类和识别图像卫星的指向。另外，它还可作为低轨天基红外系统的一种替代方案。卫星星座可以提供一天24h的覆盖，并能进入敌方纵深区，但无人机可以比卫星星座更接近目标，机载传感器比星载传感器可以得到更清晰的图像并能更快改进。

（3）强化一体化作战，与有人战斗机协同作战

美军认为，各种武器平台都有各自的优点和局限性，如果能把它们各自的优点有机组合起来，互相取长补短，就能形成一个有机的作战整体。因此美军一直希望无人机能够在战场上扮演一种综合性角色，与有人驾驶战斗机协同执行战斗任务，以弥补有人驾驶战斗机侦察能力较弱的缺陷。在伊拉克战争中，“全球鹰”作为情报、监视与侦察平台，首次与有人作战飞机联合作战，为F/A-18C战斗机传递数据，攻击伊拉克导弹系统，取得了显著效果。它还与B-2轰炸机、F-16CJ战斗机采用同样的协作方式进行作战。“全球鹰”作为有人作战飞机对时敏目标瞄准的辅助手段，缩短了传感器与射手杀伤链的周期，大大提高了有人战斗机的攻击效率。

（4）提升无人机保障的可靠性

不仅是“全球鹰”，战场上的其他无人机也同样存在可靠性低的问题。阿富汗战争开始不到3个月，美军就坠毁了3架“捕食者”，主要是机械故障以

及技术保障跟不上，难以适应恶劣的战场环境。伊拉克战争中，“龙眼”侦察无人机极易损坏，美军不得不减少使用次数。因此必须高度重视无人机系统的整体保障问题。要创新保障机制，突出技术保障，采用模块化保障组件和标准化接口，做到随时可更换机载设备，实现即插即用，提高保障效率。同时培养保障人才，确保无人机能够连续、可靠地实施作战行动。

（5）侦察打击一体化

侦察打击一体化是指将侦察监视系统与武器系统有机结合起来，构成一个合理的整体，以尽可能地缩小发现目标与打击目标之间情报传输和信息反馈的信息差、时间差，以最快速度摧毁目标。阿富汗和伊拉克战争中，“捕食者”无人机携带“海尔法”导弹成功实施对地攻击，开启了无人机使用精确制导武器攻击地面目标的先河。美国空军也一直计划将“全球鹰”改为带武器的无人战斗机，可挂载 12 枚“洛卡斯”或 2 枚联合直接攻击弹药，但又考虑到其有效载荷能力有限，因此尚未决定是否改为武装无人机。“全球鹰”是否会根据技术发展及作战对象和任务的改变增强其打击能力，还需要拭目以待。

随着“全球鹰”技术的日益成熟和作战方式的悄然改变，在未来的战场上，它的使用范围将更加广泛，使用方式将更加多样，承担的任务也将越来越多。“全球鹰”的时代即将来临。

缩略语表

下表为本书中出现的所有缩略语词条。

ACAT	Acquisition Category 采办类型
ACTD	Advanced Concept Technology Demonstration 先期概念技术验证
ACC	Air Combat Command 空战司令部
ACN	Airborne Communications Node 机载通信节点
ADSI	Air Defense Situation Integrator 防空态势综合器
AEDC	Arnold Engineering Development Center 阿诺德工程发展中心
AEHF	Advanced Extremely High Frequency 先进的极高频系统
AESA	Active Electronically Scanned Array 有源电扫描阵列
AFOTEC	Air Force Operational Test and Evaluation Center 空军作战试验与评估中心
AGE	Aircraft Ground Equipment 飞机地面设备
AGS	Allied Ground Surveillance 联合对地监视
AIA	Advanced Information Architecture 先进信息系统架构
ANG	Air National Guard （美国）空军国民警卫队
APUC	Averaged Purchase Unit Cost 平均单位采购成本
ASIP	Airborne Signals Intelligence Payload 机载信号情报任务载荷
ASW	Antisubmarine Weapon 反潜武器
ATAC	Applied Technology Advanced Computer 实用技术高级计算机
ATD	Advanced Technologies Demonstration 先期技术验证
AWC	Airworthiness Certification 适航认证
BACN	Battlefield Airborne Communications Node 战场机载通信节点
BAE	British Aerospace Corporation 英国宇航公司
BAMS	Broad Area Maritime Surveillance 广域海上监视系统
BIT	Built-In Test 机内自检

续表

BLOS	Beyond Line of Sight 超视距
BMD	Ballistic Missile Defense 弹道导弹防御
C^3I	Command，Control，Communications and Intelligence 指挥、控制、通信与情报
C^4ISR	Command，Control，Communications，Computer，Intelligence，Surveillance and Reconnaissance 指挥、控制、通信、计算机、情报、监视与侦察
CAIV	Cost As an Independent Variable 费用作为独立变量
CAMA	Common Airborne Modem Assembly 通用机载调制解调组件
CAOC	Combined Air Operations Center 联合空战中心
CAS	Close Air Support 近距离空中支援；Calibrated Airspeed 修正表速
CAX	Combined Arms Exercise 联合陆军演习
CCB	Configuration Control Board 配置控制委员会
CCD	Charge Coupled Device 电荷耦合器件
CCDL	Cross Channel Data Link 跨通道数据链
CDL	Common Data Link 通用数据链
CENTCOM	Central Command（美国）中央司令部
CEP	Circular Error Probability 圆概率误差
CFD	Computational Fluid Dynamics 计算流体动力学
CIA	Central Intelligence Agency 美国中央情报局
CIG/SS	Common Imagery Ground/Surface System 通用图像地面／海面接口系统
CLC	Communication Link Controller 通信数据链控制器
COMINT	Communication Intelligence 通信情报
COTS	Commercial Off the Shelf 商用货架产品
CPIF	Cost–Plus–Incentive–Fee 成本加奖金
CSC	Computer Science Corporation（澳大利亚）计算机科学公司
CWIN	Cyber Warfare Integration Node 网络战综合节点
DAB	Defense Acquisition Board 国防采办委员会
DAMA	Demand Assigned Multiple Access 按需分配多址
DAPA	Defense Acquisition Program Administration（韩国）国防采办项目局
DARO	Defense Airborne Reconnaissance Office（美国）国防部空中防御侦察办公室
DARPA	Defense Advanced Research Projects Agency（美国）国防部预先研究计划局
DGPS	Differential Global Positioning System 差分全球定位系统

续表

DMPI	Desired Mean Point of Impact 指定平均弹着点
DOT&E	Director of Operational Test & Evaluation（美国国防部）作战试验与鉴定局
DRR	Demonstration Readiness Review 验证状态评审
DSB	Defense Science Board（美国）国防科学委员会
DSTO	Department of Defence Science & Technology Organization（澳大利亚）国防部科学技术组织
DT	Development Test 研制试验
EA	Evolutionary Acquisition 渐进式采办
EADS	European Aeronautic Defense and Space Company 欧洲航空防务与空间公司
EISS	Enhanced Integrated Sensor Suite 增强型综合传感器系统
ELINT	Electronic Intelligence 电子情报
EMD	Engineering Manufacturing Development 工程制造发展阶段
EO/IR	Electro-Optical/Infrared 光电 / 红外（传感器）
FADEC	Full-Authority Digital Electronic Control 全权限数字式电子控制
FDR	Final Design Review 最终设计评审
FF	First Flight 首飞
FRR	Flight Readiness Review 待飞状态评审
GAO	Government Accountability Office 政府责任办公室
GBS	Global Broadcast Service 全球广播服务系统
GCCS	Global Command and Control System 全球指挥控制系统
GCS	Ground Control Station 地面控制站
GD	Grand Design 大设计采办
GHMD	Global Hawk Maritime Demonstration"全球鹰"海上演示验证
GHSG	Global Hawk Systems Group"全球鹰"系统集团
GIG	Global Information Grid 全球信息网格
GMTI	Ground Moving Target Indicator 地面活动目标指示器
GPS/INS	Global Positioning System/Inertial Navigation System 全球定位系统 / 惯性导航系统
HALE	High Altitude Long Endurance 高空长航时
HALSOL	High Altitude Solar 高空太阳能（无人机）
HAPP	High Altitude Power Platform 高空动力平台

续表

HARM	High Altitude Antiradiation Missile 高空反辐射导弹（哈姆）
HBS PCU	High-Band System Production Configuration Unit 高波段系统生产型结构单元
HBSS	High Band Subsystem 高波段子系统
HISAR	Hughs Integrated Surveillance and Reconnaissance（美国）休斯综合监视与侦察系统（海萨）
HPA	High Power Amplifier 大功率放大器
HVPS	High Voltage Power Supply 高压电源
IA	Increased Acquisition 递增采办
ICS	Integrated Communication System 综合通信系统
IDR	Initial Design Review 初始设计评审
IFR	Instrument Flight Rules 仪表飞行规则
IMINT	Image Intelligence 图像情报
IMMC	Integrated Mission Management Computer 综合任务管理计算机
IMP	Integrated Master Plan 综合主计划
IMS	Integrated Master Schedule 综合主进度表
INMARSAT	International Marine Satellite 国际海事卫星
INS	Inertial Navigation System 惯性导航系统
IOT&E	Initial Operational Test & Evaluation 初步作战试验与鉴定
IPDM	Intelligent Program Decision Memorandum 智能程序决策备忘录
IPT	Integrated Product Team 综合产品组
ISAR	Inverse Synthetic Aperture Radar 逆合成孔径雷达
ISP	Integrated Sensor Processor 综合传感器处理器
ISR	Intelligence, Surveillance, Reconnaissance 情报、监视与侦察
ISS	Integrated Sensor Suite 综合传感器系统
J-STARS	Joint Surveillance Target Attack Radar System 联合监视目标攻击雷达系统
JDISS	Joint Deployable Intelligence Support System 可部署联合情报支援系统
JDAM	Joint Direct Attack Munition 联合直接攻击弹药
JEFX	Joint Expeditionary Force Experiment 联合远征军试验演示
JFACC	Joint Forces Air Component Command 联合部队空军司令部
JFCOM	Joint Forces Command 联合部队司令部
JPALS	Joint Precision Approach and Landing System 联合精确进场导引和着陆系统
JPO	Joint Project Office 联合计划处

续表

JROC	Joint Requirements Over-Sight Committee 联合需求监督委员会
JSAF	Joint SIGINT Avionics Family 联合信号情报航空电子系列
JSIPS	Joint Services Imagery Processing System 三军图像处理系统
JSOW	Joint Standoff Weapon 联合防区外武器
JTF	Joint Task Force 联合特遣部队
JTFEX	Joint Task Force Exercise 联合特遣部队演习
LANTIRN	Low Altitude Navigation and Targeting Infrared for Night 夜间低空导航与红外瞄准系统
LBSS	Low Band Subsystem 低波段子系统
LCC	Life Cycle Cost 寿命周期成本
LL	Long Lead 长线
LNA	Low Noise Amplifier 低噪声放大器
LOS	Line of Sight 视距
LRE	Launch and Recovery Element 发射和回收单元
LRIP	Low-Rate Initial Production 小批试生产
LSA	Logistics Support Analysis 后勤保障分析
MCE	Mission Control Element 任务控制单元
MDAP	Major Defense Acquisition Program 重大国防采办项目
MMU	Mission Management Unit 任务管理单元
MP-RTIP	Multiple Platform-Radar Technology Insertion Program 多平台雷达技术插入计划
MTBR	Mean Time Between Removals (Replacement) 平均拆卸（更换）间隔时间
MTI	Moving-Target Indication 活动目标显示
MUA	Military Utility Assessment 军事效用评估
NAS	National Airspace System 国家空域系统
NASA	National Aeronautics and Space Administration（美国）国家航空航天局
NATO	North Atlantic Treaty Organization 北大西洋公约组织
NIIRS	National Imagery Interpretability Rating Scale（美国）国家图像解译度分级标准
NMJIC	National Military Joint Intelligence Center（美国）国家军事联合情报中心
NOAA	National Oceanographic and Atmospheric Administration（美国）国家海洋和大气局

续表

NPIC	National Photographic Interpretation Centre（美国）国家照片判读中心
ORD	Operations Requirement Document 作战需求文件
OSD	Office of the Secretary of Defense（美国）国防部长办公室
OT	Operational Test 作战试验
OTA	Other Transactions Authority 其他交易授权
OTS	Off–the–Shelf 货架产品
PA	Power Amplifier 功率放大器
PDA	Personal Digital Assistant 便携式数字助手
PPBE	Program，Planning，Budgeting and Executing（System）规划、计划、预算与执行系统
PPS	Precision Positioning Service 精确定位服务
PRR	Production Readiness Review 产品完备性评审
PSSR	Preliminary System Specification Review 初始系统规范评估
RAAFB	Royal Australian Air Force Base 澳大利亚皇家空军基地
RFA	Radio Frequency Amplifier 射频放大器
RIMPAC	Rim of the Pacific 环太平洋
RSTA	Reconnaissance，Surveillance and Target Acquisition 侦察、监视和目标截获
RTB	Returned to Base 返回基地
RWG	Requirement Working Group 需求工作组
RX/TX	Receiver/Transmitter 接收机 / 发射机
SAR	Synthetic Aperture Radar 合成孔径雷达
SCD	System Capability Document 系统能力文件
SCRFA	Satellite Communication Radio Frequency Amplifier 卫星通信射频放大器
SD	Spiral Development 螺旋式开发
SEU	Sensor Electronics Unit 传感器电子设备
SHARP	Stationary High Altitude Relay Platform 定点高空转换平台
SIGINT	Signals Intelligence 信号情报
SIL	System Integration Lab 系统综合实验室
SIMS	Safe Instant Message System 安全即时通信系统
SMU	Sensor Management Unit 传感器管理单元
SOR	System Objective Review 系统目标评估

续表

SPIRT	Short Path Infrared Tester 短距红外测试仪
SPS	Standard Positioning Service 标准定位服务
STE	Special Test Equipment 专用测试设备
TADIES-B	Tactical Data Information Exchange System 战术信息交换系统
TAGS	Tactical Auxiliary Global Hawk System “全球鹰”战术辅助系统
TDD	Task Description Document 任务描述文件
TIBS	Tactical Information Broadcast System 战术信息广播系统
TRA	Teledyne Ryan Aeronautical 特里达因·瑞安航空公司
TSAT	Transformational Communications Satellite 转型通信卫星系统
TST	Time-Sensitive Target 时敏目标
UAV	Unmanned Air Vehicle 无人机
UAV-JPO	Joint Program Office for Unmanned Air Vehicle（美国）无人机联合计划项目办公室
UHF	Ultra High Frequency 超高频
USAF	United States Air Force 美国空军
VHF	Very High Frequency 甚高频
VME	Versa Module Europa 欧洲通用模块
Vne	Velocity Never to Exceed 决不可超的速度
WAS	Wide Area Search 广域搜索
WCMD	Wind Corrected Munition Dispenser 风力修正弹药布撒器
WPAFB	Wright-Patterson Air Force Base 美国赖特帕特森空军基地
ZLG	Zero-Lock Gyro 零锁激光陀螺

参考文献

[1] Office of the secretary of defense. Unmanned aircraft systems roadmap 2005–2030 [M]. 2005.

[2] Susan H H, Young. Gallery of USAF weapons——2010 USAF almanac [J]. AIR FORCE Magazine, 2010 (5).

[3] Northrop Grumman RQ–4 Global Hawk. http://www4.janes.com/subscribe/juav/doc_view.jsp?K2DocKey=/content1/janesdata/binder/juav/juav1320.htm.

[4] James Kohn. Global Hawk——Integrated contractor support to military operations and corresponding implications to homeland security. AIAA 2004-63765 [R].

[5] Northrop Grumman.Global Hawk unmanned aerial reconnaissance system [J]. International Briefing, 1999(8).

[6] Unmanned aerial vehicles——Changes in Global Hawk's acquisition strategy are needed to reduce program risks [R]. United States Government Accountability Office. 2004 (11).

[7] Greg Loegering. Another approach to dual-redundancy——The Global Hawk experience [R].

[8] Schelp T M, Corea V A, Jeffries J K. Development of the RQ–4A Global Hawk propulsion system. AIAA2003–4680 [R]. 39th AIAA/ASME/SAE/ASEE Joint Propulsion Conference and Exhibit 20-23 July 2003, Huntsville, Alabama.

[9] Alfredo Ramirez. Global Hawk——Persistent, long range,

high altitude, mult-intelligence capability for the US Air Force and the battlefield commander. AIAA2003-2615 [R]. AIAA/ICAS International Air and Space Symposium and Exposition: The Next 100 Y 14-17 July 2003, Dayton, Ohio.

[10] Greg Loegering. Global Hawk in a network centric environment. AIAA2004-6324 [R]. AIAA 3rd "Unmanned Unlimited" Technical Conference, Workshop and Exhibit 20-23 September 2004, Chicago, Illinois.

[11] Global Hawk integrated sensor suite and ground segment [R]. Raytheon Company, 2006.

[12] Judi E See, Maj Dennis Trosen. Global Hawk unmanned aerial vehicle assessment approach and lessons learned [J]. ITEA Journal, 2000, 12/2001, 1.

[13] Greg Loegering. Global Hawk——A new tool for airborne remote sensing. AIAA 2002-3458 [R]. AIAA's 1st Technical Conference and Workshop on Unmanned Aerospace Vehicle, 20-23 May 2002, Portsmouth, Virginia.

[14] Wilson J R. Global Hawk spawns new applications [J]. Aerospace America, 1998 (9).

[15] Fred Phillips A L, Gernert Nelson J. Passive aircraft anti-icing system using waste heat. SAE-981542 [R]. 1998.

[16] Michael L, McDaniel. RQ-4 unmanned aerial vehicle flight testing [R]. 30th Society of Flight Test Engineers Annual International Symposium, 1999.

[17] John McCalmont, James Utt, Mike Deschenes. Sense and avoid, phase I (Man-in-the-Loop) advanced technology demonstration. AIAA 2005-7176 [R]. 2005.

[18] Wade A Henning, Daniel T Walter. Spiral Development in

action: a case study of spiral. ADA443447 [R]. 2005,12.

[19] Donald Stevens, Bruce Davis, William Stanley. The next-generation attack fighter: affordability and mission needs. MR-719-AF [R]. RAND, 1997.

[20] Geoffrey Sommer, Giles K Smith, John L Birkler. The Global Hawk unmanned aerial vehicle acquistion process: a summary of phase I experience. MR-809-DARPA [R]. RAND, 1997.

[21] Jeffrey A Drezner, Leonard S. Global Hawk and Dark Star in the HAE UAV ACTD [R]. RAND, 2000.

[22] Last Block 10 Global Hawk Arrives For Check Flights. http://www.spacewar.com/reports/Last_Block_10_Global_Hawk_Arrives_For_Check_Flights.html.

[23] New Global Hawk UAV model arrives at Beale. http://www.beale.af.mil/news/story.asp?id=123104669.

[24] Chang C Y, Paul A. Global Hawk integrated sensors suite——recent upgrades and images. AIAA 2005-7006 [R].

[25] Global Hawk ground segment: bringing precision battlefield awareness to the warfighter. DFOISR reference# 96-S-1540/L [R]. Raytheon Company, 2007.

[26] 韩世杰．“全球鹰”的新生 [J]．无人机，2006 (5)．

[27] 世界无人机大全编写组．世界无人机大全 [M]．北京：航空工业出版社，2004.

[28] 王海珍，柯晴．美军加速“全球鹰”无人侦察机的部署及其影响 [J]．装备参考，2006 (32)．

[29] 叶瑞芳，李德顺．美空军准备部署“全球鹰”无人机 [J]．电子对抗通讯，2006 (1)．

[30] 美国空军开发第5批次“全球鹰”无人机 [J]，无人机，2007 (2)．

[31] 徐舸，李雪峰．“全球鹰”无人机作战能力评估 [J]．无人机，

2008 (6) .

[32] 王海珍 . 美军“全球鹰”无人机在亚太地区的部署使用分析 [J]. 海军科技情报，2006 (22) .

[33] 陈国徽，崔雷，倪国安 . 转基因的“全球鹰”——“欧洲鹰”[J]. 世界空军装备，2006 (4) .

[34] 张伟 . “全球鹰”的先进传感器系统 [J]. 外军信息战，2007 (6) .

[35] 周义，王自焰，庞海东，等 . 大气层侦察卫星——“全球鹰”无人机的应用与发展趋势 [J] . 飞航导弹，2003 (11).

[36] 梁德文 . “全球鹰”的设计特点 [J]. 无人机，2004 (4).

[37] 杨小牛 . “遥控战”与无人机对抗——关于阿富汗战争的一点思考 [C] // 中国电子学会电子对抗分会第十三届学术年会论文集. 2003.

[38] 汪岩 . “全球鹰”、“捕食者”无人机伊拉克作战实录 [J]. 现代军事，2007 (6).

[39] 鄢东 . 网络中心战的空中节点——“全球鹰”无人机 [J]. 无人机，2007 (4).

[40] 王家胜，陈萱 . 伊拉克战争中航天技术与装备的应用研究 [J]. 中国航天，2004 (11).

[41] 毕大平，姜秋喜，董晖 . 伊拉克战争中的电子战无人机及启示 [C] // 中国电子学会电子对抗分会第十三届学术年会. 2003.

[42] 朝文 . 美空军改变“全球鹰”无人机的作战概念 [J].863 航天航空技术快讯，2003 (48).

[43] 黄志澄 . 从阿富汗战场看无人机的发展 [J].863 航天航空技术，2002 (6).

[44] 周永生，胡传辉，朱能文 . 美军无人机的作战运用 [J]. 环球军事，2005 (1).

[45] 龚波，吴利荣 . “全球鹰”光电任务载荷系统设计分析 [J]. 航空工程，2010 (2).

[46] 祝小平，向锦武，张才文，等 . 无人机设计手册 [M]. 北京：国

防工业出版社，2007.

[47] 朱宝鎏 . 高空长航时无人机气动力特点分析 [J] . 国际航空，2006 (6) .

[48] 张毅，王和平 . 高空长航时无人机结构重量估算方法研究 [J]. 航空计算技术，2007，37 (4).

[49] 国防科技情报研究报告：无人机关键技术研究 . 北京：中国航空工业发展研究中心，2003.

[50] 罗杰 . 从“全球鹰”数据链看无人机通信技术发展 [J]. 国际航空，2009 (11).

[51] 刘红军 .“全球鹰”的机载综合航电系统 [J]. 国际航空,2009 (3).

[52] 余昀 . 无人机数据链协议研究 [J]. 舰船电子工程，2008，28 (9).

[53] 刘红漫，晋燕利 . 国外军用无人机任务系统及其发展研究 [C] // 尖兵之翼——2006 中国无人机大会论文集 . 北京：中国航空学会，2006.

[54] 霍梦兰，彭辉 .“全球鹰”无人机任务控制站的组成与功能分析 [J]. 国防科技，2009，30 (3).

[55] 丁力军，丁海生，马金歌 . 下一代无人机地面控制站发展研究 (上) [J]. 无人机，2009 (1).

[56] 王英勋，李新军，王建平，等 . 航空器新宠——纵览无人机系统技术变革 [J]. 航空制造技术，2009 (14).